现代建筑总承包施工技术丛书

U0201995

600 米级超高层建筑
机电总承包施工技术

中建三局第二建设工程有限责任公司　主编

中国建筑工业出版社

图书在版编目（CIP）数据

600米级超高层建筑机电总承包施工技术/中建三局
第二建设工程有限责任公司主编. —北京：中国建筑工
业出版社，2020.4
（现代建筑总承包施工技术丛书）
ISBN 978-7-112-24942-8

Ⅰ.①6…　Ⅱ.①中…　Ⅲ.①超高层建筑-机电工程
-工程施工　Ⅳ.①TU974

中国版本图书馆CIP数据核字（2020）第037971号

　　本书结合武汉绿地中心及深圳平安国际金融中心机电工程安装实践，
介绍超高层建筑机电总承包施工技术，包括超高层建筑机电工程概述，
600米级超高层建筑机电总承包管理，超高层建筑机电创新技术，实施案
例四章内容。书中对总承包管理组织架构、深化设计及技术管理、基于
BIM测量机器人指导机电工程施工技术、超高层建筑设备移动吊笼吊装
技术等进行详细介绍，并配有视频及动画演示，读者可扫码观看。

　　本书适合建筑企业机电安装管理人员、设计人员、技术人员参考使
用，也可供投资建设方、EPC总承包商、设备制造商参考借鉴。

　　责任编辑：范业庶　万　李
　　责任校对：刘梦然

现代建筑总承包施工技术丛书
600米级超高层建筑机电总承包施工技术
中建三局第二建设工程有限责任公司　主编

*

中国建筑工业出版社出版、发行（北京海淀三里河路9号）
各地新华书店、建筑书店经销
北京鸿文瀚海文化传媒有限公司制版
北京市密东印刷有限公司印刷

*

开本：787×1092毫米　1/16　印张：13　字数：313千字
2020年6月第一版　　2020年6月第一次印刷
定价：45.00元
ISBN 978-7-112-24942-8
（35682）

《600 米级超高层建筑机电总承包施工技术》
编 委 会

中建三局第二建设工程有限责任公司简介

中建三局第二建设工程有限责任公司（以下简称"公司"）是世界 500 强中国建筑股份有限公司的重要骨干企业之一。成立于 1954 年，注册资本金人民币 10 亿元，固定资产净值达到 87011.78 万元。

公司现有建筑工程和市政公用工程两项施工总承包特级资质；机电工程施工总承包壹级资质；钢结构工程、地基基础工程、消防设施工程、防水防腐保温工程、建筑装修装饰工程、建筑机电安装工程、建筑幕墙工程及环保工程八大专业承包壹级资质；电力工程和石油化工工程施工总承包贰级资质；桥梁工程及隧道工程专业承包贰级资质；模板脚手架专业承包资质（不分等级）；市政行业、建筑行业（建筑工程、人防工程）甲级设计资质，拥有完整的资质体系。

公司现有员工 4600 余人，其中，享受政府特殊津贴专家 1 人，全国优秀项目经理 79 人，中级技术职称人员 713 人，教授级高级工程师及高级职称 434 人，国家一级注册建造师 600 人。

公司现有 43 项工程荣获鲁班奖（国家优质工程奖）；6 项工程获评詹天佑奖；5 项工程获评全国绿色施工示范工程，17 项工程立项为全国绿色施工示范工程；获国家级科学技术奖 1 项，获省部级科学技术奖 45 项；获国家专利 435 项，其中发明专利 49 项；获国家级工法 8 项。

近年来，公司求实奋进，以"建造＋投资"为两轮驱动，以"高端房屋建筑＋基础设施＋海外"为三驾马车，同时着力发展房地产开发、大安装、海外业务、设备管理、建筑设计。在超高层建筑施工、复杂空间钢结构建筑安装、工业建筑精准施工、机电高品质建造等方面达到国内和国际先进水平；在特大型桥梁施工、生态修复及环境治理施工、现代医院工程总承包建造、智慧社区及绿色建造等方面具有独特优势。

公司建立了规范、标准、科学的全面质量管理、安全生产管理和环境管理体系，发布了全面管理体系文件；按照"互联网＋"思维以及"云＋网＋端"架构，着力打造"业务线上办、统计自动算、评价系统看"的信息化管理系统，先后构建了协同办公平台、项目集成系统、企业微信移动端等信息化管理平台，具备企业现代化先进管理水平。

前　言

随着技术进步和经济发展，超高层建筑不断涌现，尤其在 21 世纪，国内超高层建筑的兴建数量急剧增多、高度不断刷新，其中部分知名超高层建筑高度已达到 600 米级。机电系统作为建筑物使用功能的核心，亦发生着迅速的更新与变革，成就了超高层建筑更适宜的品质和更节能的性能。

在 600 米级超高层建筑的机电工程建造中，需要在传统建造技术的基础上针对新的系统和施工问题上做进一步的研发和改进，如物料存储运输问题、工作效率问题、系统稳定性问题、安全问题等。同时，由于建筑机电系统相关材料和设备更新速度较快，我们也面临着新工艺的适应和改进。而在建造过程中，参建单位数量众多，如何通过机电总承包做好庞大的建造团队的协调管理也是一个艰巨的挑战，深化设计及技术管理、计划管理、信息协同管理、物料平衡管理与安全管理都应作为研究之重点。

本书即依托中建三局第二建设工程有限责任公司参与建造的深圳平安国际金融中心、华润深圳湾总部大厦、武汉绿地中心等一批超高层项目，总结了其机电工程建造过程中的关键技术，如工业化装配技术、设备整体高空吊装技术、电梯活塞效应控制技术、机电施工测量技术、BIM 技术等。希望能为同行业的同志们提供参考与借鉴，使读者对 600 米级超高层机电工程建造技术有一些初步认知，了解超高层的机电工程建造的关键要点，起到抛砖引玉作用。本书既适用于建筑业从业者，也可供投资建设方、EPC 总承包商、设计人员、设备制造商参考借鉴。

本书部分关键技术来源于我们产学研的实践过程，在此感谢长沙理工大学姜昌伟教授团队、南京戎光科技有限公司在技术研发阶段提供的支持与帮助，同时特别感谢在编写中给予指导的中建集团高层建筑设计与施工学术委员会主任张希黔教授和武汉理工大学彭少民教授。

由于编者水平所限，书中不足之处和错误在所难免，恳请读者批评指正。

目　　录

1 超高层建筑机电工程概述

1.1 超高层建筑发展历程

1972 年，联合国高层建筑会议把建筑分为四类：第一类 9～16 层（高 50m 以下）；第二类 17～25 层（75m 以下）；第三类为 26～40 层（100m 以下）；第四类为 40 层以上（超过 100m）。根据我国现行国家标准《民用建筑设计统一标准》GB 50352—2019 中规定：40 层以上或高 100m 以上住宅及公共建筑均称为超高层建筑。

随着社会城镇化发展，超高层建筑因提高土地利用率，集成式的工作生活环境，高科技的智能型机电系统配置以及城市地标或者景观象征意义，造就建筑向更高层次发展。我国超高层建筑始于 20 世纪 70 年代，从香港地区的怡和大厦（52 层，179m），广州白云宾馆（33 层，120m）起，至 1990 年是我国超高层建筑起步阶段，竣工超高层建筑达 20 幢，最高 222m；2009～2013 年是超高层建筑快速发展阶段，这一时期竣工超高层建筑达 245 幢，最高 484m；2014～2015 年是超高层高速发展阶段，两年竣工 250 幢，最高 632m；截至 2015 年末，全球建成超高层建筑 4930 幢，我国占 19.9%。根据 CTBUH（世界高层建筑与人居学会）统计数据，2018 年建成的最高建筑报告显示，全球建成的 20 座最高建筑中，中国占了一半以上。

目前我国超高层建筑高度已超过 600m，超高层建筑建造规模和数量跃居世界前列，聚焦 600 米级超高层机电工程，总承包施工技术则是超高层建筑建造中的重要议题。

1.2 超高层建筑机电系统设计的特点

与常规建筑相比，超高层建筑体型巨大、结构体系复杂、承担建筑功能要求较多，设计中需研究解决的问题多。包括变配电系统供电电压等级、供电分区的确定、空调方式的选择；设备承压、功能分区的划分；消防、节能、消声及减震等。全面考虑超高层建筑中的上述各种问题，并在设计中全面地解决这些问题，才能使超高层建筑真正为人们服务。

1.2.1 超高层建筑电气系统设计

超高层建筑供配电，需考虑供电可靠性、变压器等大型设备运输、电能质量和谐波治理、防雷接地等问题。

1. 超高层建筑用户对供电可靠性要求比较高

超高层建筑中办公用电、部分空调负荷、客用电梯负荷通常属于二级负荷，因此应急电源的容量往往比较大，既要承担一级负荷中特别重要的负荷，又要满足消防应急负荷。

在多数情况下，消防负荷和重要负荷的用电量都比较大，所以对两者要取其中大的容量来选择柴油发电机组。因低压柴油发电机组供电半径有限，因此建筑物的高楼层区域则需采用10kV中压柴油发电机组供电，保证供电可靠性。

2. 高速电梯的供电

在超高层建筑中，客用电梯运行速度较高，电梯容量比较大，电梯频繁起动，对电网的冲击比较大，因此需合理配置变压器容量。另外，还需考虑电梯下降时对于电梯馈电的合理回收。因此，电梯配电开关的分断能力要求比较高。

3. 不同避难区域的疏散策略

超高层建筑由于体量大，内部通道走向非常复杂，消防应急疏散预案要比一般高层建筑复杂的多。需设置智能疏散指示系统、应急照明系统以及消防广播系统。可在消防总控中心增设一套消防音视频发射系统，消防车在配置相应接收设备后可以在靠近消防控制中心的区域通过无线信号接收相关音视频信号，帮助了解火情及时定位。

4. 大型设备就位的垂直运输问题

考虑供电半径及变压器容量，楼层分变电所一般设置在避难层旁的设备层，供电范围为一个避难区。变压器等大型设备通过货物电梯运输，考虑电梯荷载及尺寸，一般楼层变压器容量不大于1000kVA。

5. 电能质量及谐波抑制问题

超高层建筑能耗大，用户对设备所能实现的舒适性功能需求高，设备供电多采用变频等节能技术，因此需解决电能质量及谐波抑制问题。变频设备内置谐波滤波器，低压变电所采用有源滤波器，进行谐波治理，保证供电质量。弱电设备供电电源与变频设备供电电源分开。

6. 超高层建筑雷击风险高

防雷接地、机房的接地与等电位联结都至关重要，供电电源设三级浪涌保护系统。

1.2.2 超高层建筑暖通系统设计

1. 空调系统复杂

（1）系统分区复杂

600米级超高层建筑通常自下而上分为商业、高档办公、高星级酒店等多个业态。各分区使用功能以及使用时间差异较大，冷机应分别设置，以确保各区域空调系统运行的稳定性与高效性。同时，为确保数据、网络机房空调使用的可靠性，应单独设置24h空调系统。

（2）末端形式多样

为满足600米级超高层多样的业态需求，各业态的空调末端形式均不相同。裙房商业、酒店大堂、会议区采用定风量全空气系统。高档办公区出于舒适性要求，多采用变风量全空气系统。高星级酒店采用四管制直流无刷风机盘管＋新风系统。

（3）压力分区较多

由于主机设备、末端设备、管道及其附件连接方式不同，其承压能力各有不同，主机设备以及管道及其附件采用法兰或焊接连接方式，其承压能力可以达到2.0MPa，而末端设备，特别是风机盘管、小型风柜一般采用丝扣连接方式，其承压能力不能超过1.6MPa。

600米级超高层建筑，静水压力远超上述承压能力要求，需要采取二次换热措施，后果是大大提高系统的输送能耗。

综上所述，600米级超高层建筑空调系统多采用两级板换，三级压力分区设计，避免冷水多次转换；尽量保证各分区末端空调设备的使用压力不超过1.6MPa，特别是低层或裙房商业部分尽量不大于1.0MPa，有利于业主的招商和租户的使用。

（4）噪声隔震控制要求高

600米级超高层建筑面向高端用户，对噪声隔震控制的要求较高。采用了如浮筑楼板、惯性平台、减震器、吸声墙、消声器等措施，对各类设备的进行消声隔震处理。

2. 消防排烟系统可靠性要求高

超高层建筑消防设计要求高于常规建筑，必须完全依照现行国家标准《建筑设计防火规范》GB 50016—2014（2018版）的规定进行设计，消除火灾隐患。

依托于各个避难层，600米级超高层建筑的防排烟系统在竖向多按照不大于20层进行分区，且前室、防烟楼梯间、合用前室、消防电梯前室、内走道、中庭、一般功能区等都按照各自的功能分别设置有防烟、排烟系统。防排烟、空调送风系统管道穿越防火分区、避难层等区域时，均设置有防火阀与防火包裹，确保火灾不借助管道进行传播。

3. 节能措施多样

为降低空调系统能耗，减少系统运行费用并且通过国际绿色建筑评价（LEED）与国内绿色二、三星级标准，采用以下节能措施：

（1）采用蓄冰＋大温差变流量冷冻水＋变风量空调系统，实现节能。

（2）空调机组均采用变新回风比控制，过渡季可实现全新风运行达到节能目的。设备层空调机组新风段和排风机组排风段均采用全热回收型机组。

（3）为节能及便于物业收费管理，设冷热计量系统、楼宇控制系统，有效监控各个设备的运行情况，达到系统优化运行，节约能耗的效果。

（4）当室外湿球温度低至一定温度（15℃时），开启冷却塔、水泵、板式换热器免费供冷，供冷量满足大楼内区的动态冷负荷。

（5）商业餐饮厨房的排风及补风均设变频器，以便能根据服务区域的要求调整风量；地下停车库的进、排风机，将根据停车库内的CO浓度调节进排风量，以达到节能效果。

1.2.3 超高层建筑给水排水系统设计

超高层建筑给水排水设计主要有给水系统、热水系统、排水系统、消防系统、回用水系统、直饮水系统、建筑灭火器系统及气体灭火系统等。

1. 给水系统设计

（1）分质供水

600米级超高层建筑一般是城市的地标性建筑，其建筑功能设计为办公、酒店、会所、观光等多个功能分区，这决定了其给水品质有着不同的要求，所以必须采用分质供水的方式设计不同的给水系统和水处理控制指标，如生活用水、直饮水、中水、绿化用水等。

生活给水水源采用自来水，用于大多数功能区的一般需求。而在水质要求较高的功能区设计直饮水系统。直饮水系统供水水源为同区的生活用水，由生活给水干管引出独立支管至直饮水机组。直饮水一般处理工艺经过预过滤、反渗透及臭氧消毒工艺，制备的净水储存在净水箱。直饮水采用变频调速水泵加压供水，管网布置采用上行下给式。直饮水供应系统设循环管道，循环管道内水的停留时间不超过 6h。在管网末端设电磁阀定时开启、重力回水的方式进行循环，回水管末端设流量调节阀。循环回水接至循环过滤器处理后，经过臭氧消毒回至净水箱。

为保证生活水的水质，防止二次污染以及运行维护的便利性，生活水和消防用水应分开设计，分开计量。

（2）节水设计

600 米级超高层由于建筑高，体量大，造型新型，出于建筑物能耗的考虑，业主一般均希望设计标准达到 LEED 金奖或国家绿色三星认证要求。因此，超高层建筑一般需设计回用水系统。回用水系统含有废水回用、雨水回用及冷凝水回用三个方面。

回收建筑物高区的优质杂排水，设计中水处理机房，采用物理处理、生物膜反应器等工艺后提升作为中水水质，用于建筑物办公区冲厕用水。

超高层建筑的标准层空调机房一般上下对齐，这给冷凝水的回收立管设置带来了非常有利的条件，而且建筑物的冷凝水具有水量可观、污染物少、水温低的特点。可在空调机房内设置冷凝水回收立管，汇合至冷却塔补水池，作为冷却塔的补充水源。

根据建筑物塔顶造型的不同，有具备雨水收集条件的，应设置雨水回收系统，作为道路冲洗、绿化用水和停车场冲洗等用途。

（3）室内给水供水方案

选择合理的给水方式是高层建筑生活给水系统设计的关键。由于超高层建筑的功能分区的不同，水用量的同时需求系数的不一，如办公区用水量小，酒店会所用水量较大，用水高峰时段也较为不一致。为保证供水的品质，目前建筑给水方式一般采用高位水箱及分区恒压变频供水。

高层建筑生活给水系统竖向分区多是一大特点，竖向分区压力应符合下列要求：①各分区最低卫生器具配水点处的静水压不宜大于 0.45MPa；②静水压大于 0.35MPa 的入户管（或配水横管），宜设减压或调压设施；③各分区最不利配水点的水压，应满足用水水压要求。

超高层建筑竖向分区的选择尤其重要。对供水压力不足问题，要从合理分配分区提高供水高差或者增设变频增压泵增加供水压力或者减少管道阻力方面入手，制定相应的方案。从节能考虑，可利用市政水源直供满足低区（3 层以下）及地下室区域的用水需求。

600 米级超高层室内供水一般设多个竖向分区供水，并采用垂直串联供水。串联供水设置转输水箱及转输水泵，选择避难层设置高位水箱、转输水箱、转输水泵及变频供水水泵等。高位水箱与转输水箱宜合设为生活转输水箱，既具有本区高位水箱的功能，又具有上区转输水箱的功能，水箱的容积综合考虑供水与转输的需求，可减少设备占地面积。

（4）水泵设备与管径选择

供水水泵是给水系统主要耗能设备，对于超高层而言，水泵参数以及选型关系重大。尽可能合理划分供水区域，结合高层建筑物的实际分布，合理地增减楼层，选择水泵参数，精准计算管径，再进行分区，进而减少管材浪费。除此之外，合理采用水泵变频技术，供水水泵选择恒压变频供水水泵，转输水泵选择工频泵。

2. 热水系统设计

（1）热水循环系统供水方式

600 米级超高建筑一般含有多种功能，如办公、酒店、商业、餐饮及娱乐等，其中酒店、餐饮及办公等楼层区通常需要考虑设置热水系统。热水系统的供水方式应根据分区和使用需求进行选择，如干管机械循环方式。各区的水加热器的进水均由同区的给水系统专管供应，以确保用水点处冷热水压力平衡，设置热水回水立管，保证干管和立管中的热水循环，循环管道采用同程布置，并采用循环水泵机械循环。

（2）余热利用

生活热水可采用冷冻机组的散热作为热源，使用热回收型冷冻机组，机组的冷却循环水可为生活热水提供余热，生活给水在进入热交换器前，先在板式热交换器中和冷冻机组提供的冷却循环水充分接触，提高初始温度，达到节能效果。

3. 排水系统设计

（1）分流排水及排水预处理

超高层的排水系统需考虑生活污水、废水分流制。优质废水（如空调冷凝水）应考虑回收，建筑物内设置处理设施作为建筑物的中水用。洗衣房及锅炉房排水应分开收集，并设置降温池。厨房污水单独排放，集流后需经隔油池预处理后排放市政管网。

超高层塔楼屋面一般采用重力流排水，暴雨重现期 50 年，屋面雨水需考虑溢流，满足 100 年重现期的排水要求，降雨历时 5min，屋面径流系数为 0.9m。出于建筑物节水方面的考虑，雨水应经管道收集后，进入雨水回收系统，作为停车场清洗或绿化水用。

（2）承压与消能

超高层排水管道应采用承压高的金属管道，可采用柔性排水铸铁管、涂塑钢管、不锈钢管等，根据建筑物高度以及分区选择合适的压力等级。为避免高速下落水流冲击损坏排水管道，超高层室内排水管道应有消能措施。消能措施一般采用乙字弯、管道偏置，或者苏维托系统及螺旋消声排水管。另外，需在立管转折处做好支架或支墩，对防止水流冲击损害管道也可起预防作用。

4. 消防水系统设计

超高建筑高度远大于现行国家标准《建筑设计防火规范》GB 50016—2014（2018 版）适应的设计范围（建筑高度≤250m），消防系统除应符合现行国家标准《建筑设计防火规范》GB 50016—2014（2018 版）及《消防给水及消火栓系统技术规范》GB 50974—2014 等相关规范的规定外，还需要进行专门的消防性能化设计，其防火设计需提交地方消防主管部门组织专题研究、讨论。

根据相关规范要求，超限高层建筑的消防水系统设计需考虑室外消火栓系统、室内消火栓系统、自动喷水灭火系统、泡沫—喷淋系统、水喷雾系统等。

（1）室内消防给水系统

超高层的室内消防给水系统一般采用重力式常高压系统和临高压系统相结合的供水方式，在高层设置高位消防水池，满足主塔楼全部消防用水需求，高层分区区域设置临时高压系统，稳压泵或气压给水设备等增压设施保证管网压力。在地下室设置室内消防水池与主塔楼消防转输水池合用水池，设置消防转输水泵，并且此转输水泵的流量满足塔楼的消防用水流量要求。当塔楼屋顶消防水池水量不足时，通过转输消防水箱，向整个高压消防

5

系统内补水。

（2）泡沫-水喷淋系统

600米级超限高层建筑由于使用人数较多，一般情况下需要较多的地下停车位。根据现行标准《汽车库、修车库、停车场设计防火规范》GB 50067—2014 要求，停车数量大于300辆或总建筑面积大于10000m² 一类地下汽车库宜设置泡沫-水喷淋系统。泡沫混合液连续供给时间不应小于10min，泡沫与水联合供给时间不应小于60min。其他按现行国家标准《泡沫灭火系统设计规范》GB 50151—2010 相关规定执行。

（3）水喷雾系统

600米级超限高层消防安全至关重要，应尽量采用先进可靠的消防灭火技术。地下室柴油发电机房及储油间宜采用水喷雾系统。水喷雾灭火系统是将高压水通过特殊构造的水雾喷头，呈雾状喷出，雾状水滴的平均粒径一般在 $100\sim700\mu m$ 之间。水雾喷向燃烧物，通过冷却、窒息、稀释等作用扑灭火灾。特别适用于扑救贮存易燃液体场所贮罐的火灾。柴油的闪点为 $60\sim110℃$。柴油发电机及其油箱的喷雾强度取 $20L/（min·m²）$。设计流量为 $36.5L/s$，灭火时间30min。水喷雾系统采用临高压供水。

（4）气体灭火系统

600米级超限建筑由于建筑高度大，火灾危险性高，建筑内各部位均需设置自动灭火系统。但一些重点部位不宜用水扑救，需设置气体灭火系统，如高低压配电房、变压器室、弱电机房和计算机中心、数据机房等，一般可采用七氟丙烷气体灭火系统。

1.3　超高层建筑机电工程建造的特殊性

从设计到施工，决定了超高层建筑机电工程的建造相较于常规建筑体，机电工程投资大、内容庞杂、科技含量高、施工难度大、专业性强，是由多专业组成的系统工程。由于高层建筑楼层面积与占地平面面积的比例已经发生了较大的变化，建筑功能需求的满足，必须将所需资源"地毯平铺式"的配置变成"多层层叠式"的配置，这给有限的资源垂直运输通道和平面承载能力都造成了压力，随着超高层楼层的加高，该影响呈指数地增长，多资源同步配置之间的相关度也不断呈现正相关。

传统建造模式下，各资源之间的匹配度和相关度不高，其建造过程的相互影响也较为可控。而对于超高层建筑而言，传统建造模式已远远不能满足一个机电系统工程建造可控的需求。多专业子项工程独立组织架构管理已然无法匹配一个高效联动的工程目标；设计施工图到现场建造之间的距离在高效地施工组织和确保功能需求实现的背景之下，必须实行具有高精度施工模拟的深化设计；工期目标与施工资源的保障，已不是一个简单的单一链条关系，必须高效利用现有超高层的有效资源，管理环环相扣的施工节点；因超高层楼层高度滋生的安全隐患也必须通过高标准评估确定的技术施工方案来减小和消除，为保障系统工程实时得到有效监控，信息化集成是必然之路。

机电工程的建造过程需走向系统化、科学化、集成化，传统的建造模式也亟待改变。随着建设项目总承包管理市场的不断发展，机电工程在一些大型建设项目中的地位越来越突显，机电总承包管理模式强势来袭，引领超高层高端建造。

2 600 米级超高层建筑机电总承包管理

2.1 机电工程施工总承包的重要意义

推进工程总承包模式，是深化我国工程建设项目组织实施改革的发展方向，是提高工程建设管理水平的重要举措，是增强企业综合实力和国际竞争力的重要途径。

2.1.1 机电工程施工总承包概述

机电工程施工总承包，是指发包人将机电工程全部施工任务发包给一个施工单位或多个施工单位组成的施工联合体，施工总承包单位主要依靠自己的力量完成施工任务。其中，经发包人同意，施工总承包单位可以根据需要将施工任务的一部分分包给其他符合资质的分包人。

机电总承包工程涵盖了机械设备工程、电气工程、电子工程、自动化、建筑智能化、消防、电梯、管道、动力、通风空调、环保工程等。其施工活动从设备采购开始，涉及安装、调试、生产运行、竣工验收各个阶段，直至满足使用功能或正常生产为止。

在超高层建设领域采用"机电工程施工总承包"的模式，引入具有机电专业工程管控与协调、集成经验的大型机电总承包商来承担机电工程的施工与管理，建造中充分尊重原设计理念，做到机电系统安全可靠、绿色环保、智能管理。

机电工程施工总承包以工程所有机电系统安装为对象，按照"一体化"的管理模式，结合机电工程的全过程及参与施工的所有分包单位实施统一的计划、组织、协调和控制，从专业技术、施工工艺、合同界面及接口管理、协调配合、工程调试等方面对机电安装工程进行全面的管理工作，对分包单位全面履行"统筹组织、协调服务、集成管理"的机电总承包管理职责，确保质量、安全、文明施工、进度等各项机电总承包合同目标的顺利实现。

如图 2.1-1 所示，机电总承包商须全面负责项目的管理、协调（包括自有分包工程、专项承包工程、独立施工单位和其他相关单位的工程的管理、协调），并向专业分包商提供配合服务。机电总承包商对自有分包工程的工期、质量、安全、文明施工、绿色施工等方面向发包人承担全部责任，机电总承包商与专业分包商视作总分包关系，对专项承包工程的质量、安全文明施工、绿色施工等承担连带责任。专业分包商须在质量、工期、安全、现场文明施工等方面接受机电总承包商的管理和协调。机电总承包商与结构主体承建单位即施工总承包商的安全管理划分，通过业主协调双方签订安全管理协议加以明确。

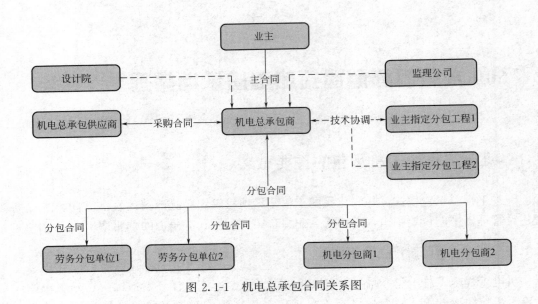

图 2.1-1　机电总承包合同关系图

2.1.2　机电工程施工总包管理体系及职责

1. 概述

机电总承包商要牢固树立"服务业主，无分外之事；配合合作方，无推卸之事；协调分包，无扯皮之事"的理念。应加强和业主设计顾问团队的沟通，做好服务工作，要多换位思考，兼顾各方利益，充分发挥其主观能动性，实现共赢。要从工程全生命周期通盘考虑，保证工程投入使用后安全可靠、功能适用、节能环保、便于检修。

"无规矩不成方圆"，要实施"法人管项目"，标准化是基础，主要包括法人和项目两个层面。法人层面包括项目投标评审策划、工程项目前期策划、施工生产过程控制、项目管理考核评价等主要管理环节的标准化；项目层面包括管理制度标准化、人员配备标准化、现场管理标准化、过程控制标准化。通过执行标准化，规范项目管理行为，建立统一的管理流程，从而保证法人的管理意图得到准确的贯彻执行。项目应建章立制，完善管理，建立机电总承包管理体系，主要包括：组织管理体系、职责体系、制度体系、实施体系、检查与奖罚体系，如图 2.1-2 所示。

机电工程项目实施的过程主体就是机电工程施工总承包商，其对分包方及自营直接施工的项目施工，应从施工准备、进场施工、工序交验、系统调试、竣工验收、工程保修以及技术、质量、安全、进度、合约成本、资金、工程款支付等进行全过程的管理。以保证工程的质量和进度满足工程要求，从而保证总承包方的利益和信誉。

分包方对关键工序交验、竣工验收等过程经自检合格后，均应事先通过机电总承包商组织预验收，认可合格后再由机电总承包商代表通知监理单位和业主单位组织检查验收。机电总承包商应及时检查、审核分包方提交的文件资料，提出审核意见并批复。

就超高层民用建筑机电工程而言，机电安装总承包项目管理主要职责有计划管理、合约管理、技术管理、成本管理、质量管理、进度管理、安全管理、协调管理、调试管理几个方面。

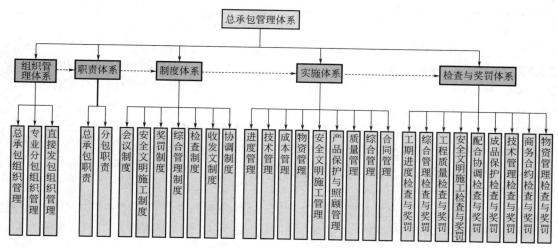

图 2.1-2　总承包管理体系

2. 计划管理

"凡事预者立，不预则废"。项目策划是一个工程的战略部署，是宏观的规划，体现的是指导性、原则性，并贯穿整个项目，可以说，一个有针对性、实施性强的项目策划，意味项目成功了一半。机电总承包工程具有"综合性""系统性""阶段性""专业性"和"经济性"管理的特点，项目策划阶段必须透彻分析这些特性，制定相应的措施，对各种措施进行对比分析和优化，并在项目实施过程予以落实，这样才能从容应对施工中的种种困难，有利于质量、工期、安全等目标的实现，达到我们管理目标中的"经济性"原则。

在开工前，项目策划应从项目总体目标、质量、安全、进度、技术（图纸、深化设计、方案）、合约以及物资管理等方面进行全方位、全过程总策划。

在施工阶段，当项目情况发生变化时，应针对变化情况重新策划，进行动态调整，并修正项目策划方案。

3. 合约管理

合同是项目管理的约束条件，同时又是项目管理的目标来源，对于机电施工总承包商来说，合约管理是其核心。在实施中会有很多施工单位、劳务单位、供货商一起参与，每一个参与方通过合同履约来达到建设工程项目合同目标。项目应尽早进行合约策划，开展供方采购工作。在项目合约管理前，要对合同进行分析，对合同的风险要作出重点分析，之后制定风险对策，并且落实合同的任务。

4. 技术管理

工程规模越大，往往技术管理难度越大，故要求施工部署，平面规划更加具有前瞻性、科学性、时效性。对于技术人员业务技能水平要求更高，能力更强，知识结构单一、缺乏复合型能力者难以适应项目技术管理要求。技术管理工作主要有：图纸会审、图纸和设计变更管理、技术策划、施工组织设计、专项方案编制及管理、深化设计管理、四新技术应用、技术攻关、资料归档等工作。不同阶段有不同的技术管理重点，如工程开展初期，重点为图纸会审、技术策划、管线综合布置图、一次结构深化设计（预埋件图）、施工组织设计、各种方案的编制报批工作。机电安装施工过程中，提早策划拟在施工过程中采用的新技术、新工艺、新材料、新设备。

5. 成本管理

在机电安装工程中，造价的控制对于整个安装工程来说，贯穿于工程的始终。安装工程的系统比较多，设备参数选型复杂、技术含量比较高，同时涉及的管理部门也有很多，在这样的条件下，安装造价一般会较难控制，所以，要加强机电安装工程造价的控制与管理，对工程的造价进行动态控制，将工程造价控制在合理的范围内。具体措施有：制定合理的造价控制目标；参考同类型工程造价数据，运用集团价格资源库，灵活应用多种材料和设备询价体系；严格把控安装工程的变更签证；选择优秀的专业分包单位；加强对造价管理人员的考核管理；做好竣工结算的造价控制。

6. 质量管理

在对机电安装工程项目进行质量管理之前，建立完善的质量管理体系，从"人机料法环（4M1E）"即工作人员的素质、机具、材料设备、施工工艺，以及施工的环境等方面，进行全面的质量控制。以项目经理为主导，负责指导和组织项目的质量管理工作，并且随时掌握质量的动态，对质量的信息进行反馈，布置项目部的质量活动，同时还需要审核质量文件的符合性，评定考核人员资格等。项目组设置质检部门，检查和确认工程预制与安装质量，监督施工中的工艺纪律，对检查结果及时反馈，并且提出意见，对纠正后的结果进行核定等。

对于原材料应加强控制，做好材料样品封样工作，严格执行样板引路制，分项工程大规模施工前，必须经过样板确认程序；过程中还应持续做好成品、半成品保护。

7. 进度管理

在机电安装项目中，其施工管理是一个非常复杂的过程，不仅要确保自身机电安装的施工进度，还需要配合土建主体施工以及装饰装修等其他专业施工。因此，项目部要建立项目进度控制体系，以项目经理为主体和责任人，包括生产副经理、专业工长、作业班组长等。为了使项目进度管理得到一定的保障，除了通常的进度协调会议制度之外，还需要运用一些工具，如项目实施进度的计划、项目进展的报告、项目任务工作的计划、工作中遇到问题的记录以及解决处理的报告等。

8. 安全管理

安全生产，坚持"安全第一，预防为主，综合治理"的方针。企业要想控制和减少事故的发生，就需要改善企业的安全生产条件，同时规范企业的安全生产行为。在企业的内部，要层层落实安全生产管理责任制，并制定出相关培训教育制度、技术交底制度、动火管理检查制度、隐患查处制度、考核奖惩制度等一系列安全制度。除此之外，还需要明确各层级安全管理的考核指标，一切行为都按照章程规范办事，养成遵章守纪的良好习惯，建立安全应急预案。

9. 协调管理

机电总承包工程涉及多个专业，各专业之间往往还需要互相提供条件，以确保建筑物各种功能实现。因此，工程各专业之间的协调显得尤为重要，如招标进场、进度安排、劳动力物资机具等资源准备及调配、临水临电公共资源、深化设计进度、施工顺序、工作面交接、界面及接口、工序衔接交接都需要协调过程参与，最终达到参建方相互间创造施工条件以保证工程验收、竣工投入使用。机电安装工程还要与其他非机电工程专业之间进行协调与配合（如与施工总承包商在主体结构施工进度配合、预埋件验收、设备吊装口、钢结构防火喷涂等方面的协调）。此外，还要与项目部以外的相关方协调，如甲供材料设备供应、市政公用设施（给水、排水、市电、燃气）的引入或接驳、第三方检验部门等。

超高层建筑施工中，因同一场地存在机电总承包商和施工总承包商同时施工局面，故机电总承包商还需根据安全文明配合协议，在工程现场人员进出场、安全及文明施工、施工用电、用水、场地占用、吊装设备进出场线路等方面，建立与施工总承包商系统的内部协调机制。一般而言，机电总承包商及其所属专业分包商、供货商进入施工现场除了遵守机电施工总承包单位管理制度之外，还应遵守施工总承包工地内的安全管理制度。

一般来说，机电工程项目规模越大，施工管理人员和劳务分包单位、劳务人员也会越来越多，协调任务工作量也会越大。所以，项目管理良性循环的基础就是认真明确每一个部门、每一个管理人员的岗位责任，以及其相互之间的关系。指令下达有会议纪要、书面文件以及口头的指令三种形式，应以书面指令为主，对于重要的口头指令应事后补充为书面指令。对于文件指令的落实，由项目经理负责，其他负责人组成督办小组。随着无线通信和互联网技术的发展，搭建信息化工作平台，引入先进的互联网技术（互联网办公平台、手机 APP 平台、图纸共享及传递分发平台）辅助参与信息化管理和日常协调管理，能以简单高效的方法解决问题。

10. **调试管理**

调试管理直接关系着建筑物机电系统功能是否能达到设计和使用要求，是否满足建筑物消防、节能、舒适等功能性要求。随着建筑设备的系统性不断增强，同时设备系统同各专业之间的耦合性也越来越紧密。例如，空调系统在电气、控制专业结合的分界面上经常出现管理混乱，技术配合脱节、调试困难的情况，导致设计的节能系统无法达到预设的节能工况。压力管道试压和排水管通水试验阶段，应考虑万一突发的情况，如管道试压时万一发生跑水和漏水时的应急预案和应对措施，（如防范水淹电梯，做好机房临时排水措施，防范漏水威胁电气设备），变配电站电气设备安装和调试质量会直接影响到供配电系统的安全稳定正常运行，送电阶段尤其应按照送电调试方案逐步进行，做好安全保障。因此，要重视安装调试的全过程质量控制。否则，由于施工技术或者是设备自身的质量存在问题等原因，可能会导致重大事故。

2.1.3 机电总承包管理模式的优势

在超高层建筑机电安装工程中，机电工程总承包商从建筑物全生命周期的角度出发，对项目的整体质量实施控制，工程的设备和工程材料的采购、施工、维护管理要满足项目设计和运行的需求。经过实践经验总结，相比之下主要具有如下优势：

1. **有利于发挥各参建单位各自优势**

在机电安装总承包项目部的施工管理组织机构中，配备相当数量的富有类似工程施工管理经验和较高技术水平的专业工程师，专业的人做专业的事，对各个机电分包的施工实施全过程、全方位的对口管理、协调、配合与服务。根据工程机电施工的专业特点，在分包单位的选择与进场、深化设计、施工资源、施工技术、垂直运输、样板施工、进度控制、系统调试、竣工验收等重要方面，积极采取针对性措施，进行重点地管理、协调、配合与服务。

机电总承包商对项目的实施，具有丰富的经验和非常专业的技能，能够前瞻性、有计划地对项目进行良好地组织协调和实施。能有效减少管理和协调环节的问题，防止一些工程索赔的现象发生。在工程总承包中，各个环节的人都会参与项目设计阶段，因此工程在设计阶段会从多方面进行考量，这样的方案既满足了业主的要求又有利于施工，同时成本得到有效的控制，功能也不受影响。

业主通过招标，进行确认项目的建设规模、技术水平以及设备的技术规格，并且还要通过专业的咨询或者监理公司实时监控项目的过程。对于机电总承包不擅长的专业性非常强的专业工程，如电梯工程、冰蓄冷工程、地源热泵工程、太阳能热水工程、太阳能光伏、发电机工程等，则可由机电总承包商牵头，和业主共同招标，择优选择分包单位，以充分发挥参建分包单位的优势，特别是分包单位的主观能动性。并能培养一批有经验、有稳定合作伙伴（包含供应商、分包商、劳务队伍等）、有竞争能力的，适合市场经济的需要的机电总承包企业。消防、弱电智能化等主要专业分包人由建设单位主导选定。

2. 有利于实现机电系统高品质

有经验的机电工程总承包承担项目的机电安装主体部分，并对各专业分包系统行使总包管理的角色，提供技术支持、照管、协调、优化管理职责；管理服务的深度、范围得到一定的延伸，包括机电系统安装前的专业优化、施工过程中工序、安装空间的专业合理协调、系统调试阶段的合理组织等，有经验的机电工程总承包可以保障机电系统完美性，也将间接影响到建筑功能和档次。

（1）施工准备阶段：有经验的机电工程总承包负责承包范围内的系统参数校核，材料设备选型优化，例如各系统管线的流量、风量、流速、风速、保温是否恰当，是否会带来日后系统运行时噪声的超标；风机、水泵、冷机等主要设备的设计参数、选型是否适宜、是否考虑到系统正式运行的时候，没有运行在设计工况状态下，而造成的运行费用的增高和设备运行的不安全；还能承包范围及相关专业范围的专业深化设计，如各系统管道设备综合支架体系的设计校核、综合管廊、设备层、各类机房的专业施工详图的设计等，并可组织其他专业分包商完成本专业的设计深化，如消防系统的深化、弱电系统的深化等；通过协调各个专业的综合协调工作，即在各专业深化设计图的基础上，进行各个专业的综合协调图设计，协调各专业的安装标高、空间位置，从而减少各系统的交叉返工，支架统一设计合理共用等问题，提升机电系统的实体美观性、减少机电系统占用的空间位置，提升各系统运行时的可维护性，从而进一步实现项目机电系统的高品质。

（2）安装实施阶段：由于机电系统的复杂性，仅仅前期的"纸上谈兵"是不够的，各专业施工工序的先后安排，施工过程中问题的发现解决，施工工期前后的介入、衔接，机电与土建专业、消防、弱电、精装修承包专业间的协调配合等问题，将会贯穿整个机电系统安装过程中，如要保证优质、快速完成各个系统的安装，就必须有一个具有综合实力，掌控现场能力强有力的机电承包商，总领全局，承上启下地协调好上至业主、监理，下至各专业分包。施工总承包单位组织机电系统各施工单位进行质量检查活动，对检查出的问题组织整改，把控过程质量，打造过程精品。

（3）调试移交阶段：有经验的机电总承包可以保障机电系统完美性，也将间接影响到建筑功能和档次，提升项目附加值。高品质的机电安装可减少后期系统的维护和保养成本，降低物业运营成本，同时能提升项目营销的竞争力，以获取较高的售价和租金回报等。由于机电材料设备品种、规格、功能需求的订货参数非常复杂，有些材料设备选型相互相关，环环相扣，如果参数提供有缺陷或在关键细节上不慎，有可能造成采购失败或采购不能满足设计和使用要求，而且有的设备供货周期较长。在总承包管理方面，机电工程总承包商需要负责物资的采购和物资的流通，这样可以利用机电总承包商的专业工程建设施工经验和聚集的资源，发挥集团采购优势，选用安全性可靠、功能适用、性价比相对较好、供货期满足工期要求的设备和材料。

机电安装总承包项目部组建联合调试指挥部，积极承担起调试总指挥职责，组织编制详细的联合调试方案、调试流程和调试计划，统一指挥和协调各项调试工作，能确保为业主提供安全可靠的机电设备以及良好舒适的使用环境，为今后的系统运行及保修提供指导性的资料。

3. 有利于保证工程进度

从合同关系上来说，建设单位与机电施工总包之间直接签署总包合同，指定分包合同由机电施工总包同由建设单位指定的各专业分包人及供应商签订。采用此模式时，由机电施工总包承担包括工期、质量等除价格以外（但总包有责任协助建设单位控制各专业分包人及供应商的价格）所有分包的合同责任。机电施工总包确定后，则与结构主体配合、所有照管范围机电分包预埋件等工作均可由机电总包统筹考虑。为业主其他分包招标留下了充裕的时间。这样不需要等所有专业分包施工图设计全部结束后再招标。否则，建设周期有可能因某些专业分包图纸不完善等因素导致招标进度制约而拖长。

在大型机电安装工程中，如果贯彻机电工程施工总承包模式，各参建单位施工界面、接口均以书面方式予以明确划分，则传统房屋建筑领域机电工程管理中存在的多机电专业之间容易发生的群龙无首，各自为政，接口不清，纠纷不断的问题会大量减少。

机电工程总承包商负责拟订项目进度计划，监控所有项目的实施进度并进行过程纠偏，合理安排劳动力的供应计划、物资的供应计划，并保证材料在工程中能够及时供应。同时，工程总承包商对项目的完成期限承担责任，工程总承包商必须具备一定的协调能力，确保施工的进度。在收尾阶段，机电总承包模式能高效组织做好联合调试工作，促进分部工程专项验收，为工程尽快地正常投入使用服务。

机电施工总承包可以让深化设计、采购、施工各个阶段互相搭接，这样就减少了传统模式下三个阶段之间的时间空档，减少三个阶段间的时间浪费，而且这三个阶段由一家公司完成，公司内部协调沟通效率较高，对于项目的工期可以有更合理的安排，从而有利于工期。

4. 减少了业主方协调工作

对于机电工程，业主实际只需要与一家承包商签约，招标、合同管理及现场工作量大大减少。

机电工程由机电总承包单位负责实施对所有分包人的管理及组织协调，业主只需要负责对机电总承包单位的管理和协调工作，从而大大减轻业主方的现场协调工作。业主方管理风险也大大减小。

2.2 机电施工总承包管理组织架构

2.2.1 组织架构图的设置原则

超高层机电工程项目实施不同阶段组织架构的设置，需考虑以下三个方面因素：①组织架构与管理任务是否兼容；②组织架构是否有利于各参建单位人员沟通配合；③组织架构是否能持续高效稳定运行，激发团队战斗力。只有针对性的组建项目组织架构，才能有效地发挥团队力量，提升项目管理水平，为项目履约创造条件。在构建组织架构时，要厘清总分包管理界限，充分做到岗位设置精简、岗位职责明确、逻辑关系简洁、分工交圈闭合。

1. 动态性原则

动态性主要体现在根据项目实施的不同阶段，动态地配置管理人员，并进行动态管理、动态调整。

2. 管理跨度与层次匹配原则

适当的管理跨度与适当的层次划分和适当授权相结合，是建立高效率组织的基本条件。以保证得到最有价值的信息。

3. 合理分工与密切协作原则

机电总承包项目管理涉及的知识面广、专业众多，因此管理架构需要各方面的管理、技术人员来组成，专业的事由专业的人做，工程涉及的各个专业（如结构专业、暖通专业、消防专业、弱电专业），应有相应的岗位专业工程师负责覆盖。对于人员的适当分工，能将工程建设项目的所有活动和工作的管理任务分配到各专业人员身上，责任与权力对等，会起到激励作用，从而提高组织效率。

4. 系统性原则

机电总承包项目管理组织架构要符合项目建设系统化管理的需要。每一组织都应在组织分解结构中找到自己合适的位置，并与企业组织一体化匹配。

2.2.2 项目管理架构图及层次说明

组建以总承包项目经理为主导、总承包副经理和各专业分包单位项目经理相配合的施工界面管理框架，并结合工程实际情况确定部门设置。一般由项目经理在企业人力资源部经理的协助下负责制订"项目部人员管理计划"。机电施工总承包模式宜采用项目总承包管理团队与自行施工管理团队融合的组织结构模式。以深圳平安国际金融中心机电总承包项目为例，其组织架构如图 2.2-1 所示。

现场组织架构总体上由置顶、上、中、下四部分组成，置顶层为整个工程决策层，即企业保障监督层，其下为本工程机电总包管理层，中部为执行层即施工管理层，下部为操作层即施工作业层。

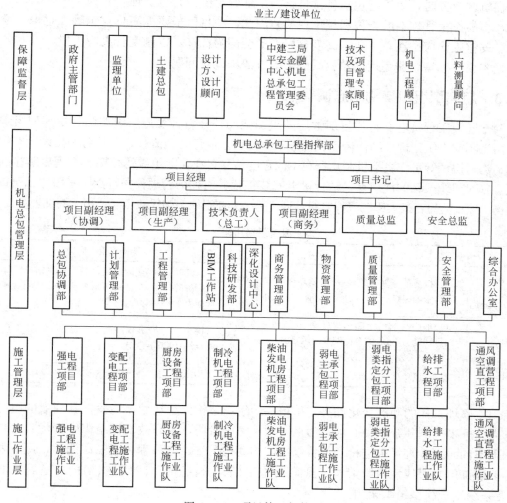

图 2.2-1　项目管理架构图

企业保障监督层一般由总部副经理对整个工程现场组织架构全面负责监督，并与多方专家团队一起，对机电工程进行质量、安全、进度、工期、文明施工等各方面形成监督和指导。

机电总包管理层以工程指挥部项目经理为首，以下设各区段的生产、协调、商务副经理以及项目总工程师、质量总监、安全总监，共同组成现场组织架构管理层。该项目共设置机电总包协调部、计划管理部、深化设计中心、BIM 工作站、科技研发部（技术部）、物资管理部、商务管理部、工程管理部、质量管理部、安全管理部、综合办公室十一个部门。实际在中后期根据运行情况，对于工程管理部与协调部门进行合并为生产建造部；对深化设计中心、BIM 工作站、科技研发部（技术部）合并为设计技术部；物资管理部、商务管理部合并为商务合约部。共缩减为 7 个部门，采用大部制管理。

施工管理层是对应本工程的分包单位而设置的，根据项目部的组织架构图及管理层级关系和工作关系，每个月制定工作量清单，作为月度绩效考核依据。

在机构设置时，由于把包括自营自行施工部分定位为分包管理，有别于传统的总分包模式，容易产生管理上的错位和越位现象。因此，项目班子要提高总承包管理意识，考虑问题、安排工作应站在总承包的高度，以商务合同为杠杆，以制度管人为手段，以共赢为目的，多换位思考，避免用简单粗暴的方式方法去处理问题。

2.2.3 超高层组织架构动态调整

对于建设工程机电安装项目部常用的组织架构，分为直线型组织架构和矩阵型组织架构。由于不同组织架构其结构特点、管理工作流程、信息处理流程，以及对深化设计、物资采购、沟通协调等工作决策机制均存在不同程度差异，在实际组织运行中也表现出明显的优缺点。针对组织架构的优缺点，结合机电安装工程各时期的管理任务特点，采用动态设置组织架构，取长避短，最大程度发挥组织管理优势。具体组织架构优缺点及适用时期见表2.2-1。

组织架构比较 表 2.2-1

	直线型组织架构	矩阵型组织架构
优点	(1)接受单一垂直领导管理，避免多头管理产生矛盾，影响组织运行。(2)权责清晰，分工明确	(1)部门之间交流加强，有利于接口管理，综合问题协调。(2)充分发挥每个现场人员的对外协调能力
缺点	(1)部门与部门之间出现壁垒，沟通交流不畅。(2)机动能力不强，综合协调繁琐困难。(3)任务决策集中单一领导，依赖性较大	两个领导易出现不同指令，出现矛盾，发生混乱，导致组织不稳定
适用时期	策划期、均衡施工期(一次管线)、调试移交期	均衡施工期(与土建及装饰配合阶段)

施工管理工作的动态变化性决定了单一的组织架构无法从始至终发挥其高效的组织能力。以深圳平安国际金融中心项目为例，项目实施阶段，为高效发挥组织管理优势，项目部根据不同时期管理任务进行了项目组织架构动态调整，全过程历经三次调整，从策划期的(职能部门)直线型组织架构，到均衡施工期(分区)矩阵型组织架构，最后转变为(专业系统)直线型组织架构。

1. 策划期及一次管线施工期

超高层项目建设方职能部门设置较为齐全，如工程部、设计部、总控办(质量，安全，计划)、成本部等，各部门职责划分清晰，分工明确，同时各部门均设有相应的顾问单位协助管理。施工总包单位采用直线型组织架构下设各分管技术、工程、安全、商务等工作部门负责自营主体结构，另独立设置总包管理部对接机电单位。根据机电策划期管理任务特点及综合考虑组织架构设置的依据及其优缺点，项目实施时，在策划期及均衡施工期一次管线阶段采用单独设立机电总承包管理层，并按施工任务划分各职能部门的直线型组织架构，其具体设置如图2.2-2所示。

机电总承包项目部组建6名班子副职成员，分管下属11个部门，其中项目协调经理负责总包管理部和计划管理部，项目生产经理负责工程管理部，项目技术负责人负责深化设计部、科技研发中心及BIM工作站，项目商务经理负责商务管理部和物资管理部，项目质量总监与安全总监负责对应的质量管理部与安全管理部，项目书记(项目执行经理兼管)负责项目综合办公室，每个部门设置部门长。在机电安装策划期、均衡施工期一次管线阶段采用职能部门直线型组织架构与建设单位、土建单位部门吻合对接，利于工作跟进开展。

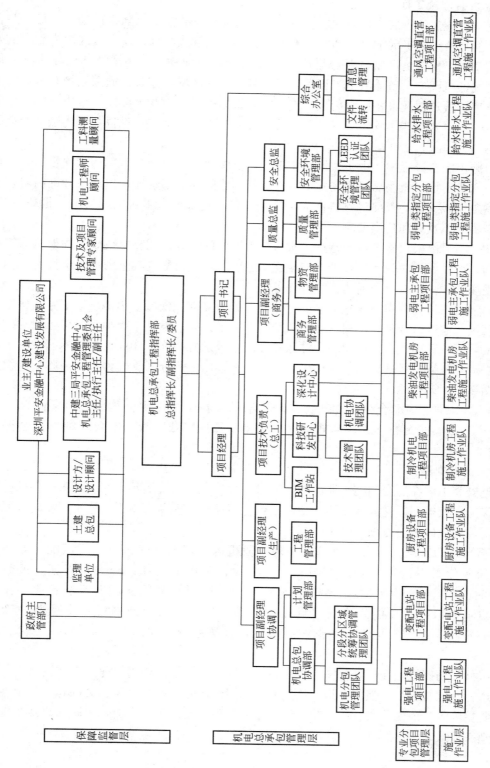

图 2.2-2 机电总承包组织架构图（策划期及一次管线施工期）

2. 配合装修施工期

随着项目施工的进展，机电一次管线部分区域完成，装饰单位陆续进场，项目主要管理任务转换与装饰施工的配合，涵盖工作面移交、二次管线配合以及大量因装饰需求机电管线需调整的工作等。平安国际金融中心项目由于建筑面积大，主塔楼功能作为办公使用，室内装饰范围广，整体装饰工程量巨大，其中公共区域及办公区域采用精装修，后勤走道、机房、避难层及设备层采用粗装修，精装修标段划分为9个标段，每个标段又划分2~4个施工段，初装修划分6个施工段，基本采取同步施工，同一时间机电与装饰配合的工作面达30个左右。

项目施工配合过程中，由于装饰同步施工，点多面广，出现工程部门工作量大，凸显管理人员严重不足，无法满足现场施工管理，部门之间沟通不畅通，出现设计部门对现场技术问题跟进脱节，物资部门材料供应不准确，且出现部分主管班子成员工作量超负荷，出现信息传递不及时和延误现象。

为此，项目部根据施工任务特点，实行施工段分区管理，调整直线型组织架构为矩形组织架构，加强了横向联系，减少部门相互沟通障碍，优化配置调整管理人员岗位工作岗位面向现场管理，以应对当前施工管理任务。

矩阵型组织架构中横向按施工段进行分区，分为高区、低区、裙楼、地下室，每个区域设置区域总监进行管理，下属独立团队配备专业工程师、设计工程师，对接土建与装饰区域施工段所有管理人员。纵向为资源保障部门，分别协调施工作业面、技术问题、质量验收等，为各区域团队进行协助。优化设置人员形成以整体分区管理为主的矩阵型组织架构，如图2.2-3所示。

矩阵式组织结构配合分区职责分工表，辅助以科学的工序流程图，按各配合专业流水施工、流水移交的方式，高效地完成该流水段内隐蔽验收，配合装饰单位进行顶棚封闭。

3. 调试移交期

机电安装工程在均衡期施工期内各区机房、管井、末端管线基本完成，机电各功能系统陆续贯通，机电安装进入调试移交期，项目管理任务由现场实物管线施工逐步转入系统收尾、功能调试以及各专项验收工作。

由于均衡期管理人员分区管理，与现阶段机电功能系统跨区分布不匹配，导致调试工作任务分工不清晰，职责不明确，专项验收工作主责任人缺失，管理人员数量也成减少趋势，导致整体工作衔接不紧密，组织管理效率低下，不利于各项工作进展。根据该阶段的管理任务特点，明确机电系统功能形成以及通过各专项验收为主线，调整矩阵型组织架构为直线型组织架构，并按系统设置对应的部门，如图2.2-4所示。

调试移交期按管理任务划分5个工作组，分别为防排烟调试组、通风空调调试组、商务管理组、专项验收组、强弱电组，负责系统的调试、验收、移交等相关内容，其中燃气验收、防雷验收、节能验收、竣工验收等验收由专项验收组牵头完成，消防验收由防排烟调试组牵头完成。

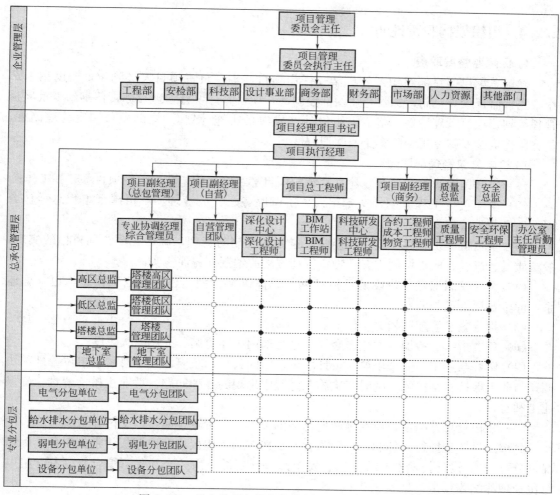

图 2.2-3　机电总承包组织架构图（配合装修施工期）

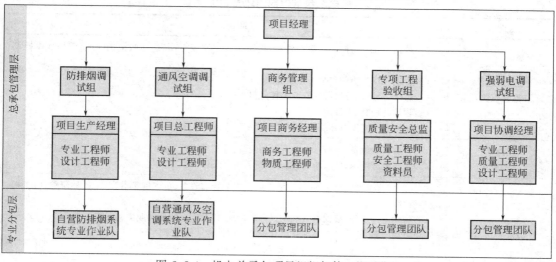

图 2.2-4　机电总承包项目组织架构（调试期）

2.2.4　组织架构职责说明

1. 保障监督层职责

确定总承包项目部组织架构框架，任命项目经理，负责项目人员到位，协助招采工作、完善监督检查机制，加强企业内部控制，与项目签订项目管理目标责任书，审批项目管理策划、项目管理计划、施工组织设计（或项目实施计划）。协助项目制定管理制度，负责监控资金专款专用，落实企业奖罚制度。

2. 机电总包管理部职责

（1）遵守国家政策和法规，建立总承包项目部组织架构，全面组织项目部开展工作；

（2）全面负责工程实施，统筹组织、协调服务、集成管理，严格履行工程总承包合同，满足业主管理要求；

（3）负责机电工程总体安全、质量、进度的控制与管理，确保各项合同目标的实现，参与质量、进度、成本控制方案、物资管理方案的编制并督促落实；

（4）领导编制工程各阶段的目标计划与总体进度计划，建立机电工程总承包管理体系，健全各项管理制度；

（5）指导施工管理层相关工作；

（6）负责组织、参加各类生产会议，进行部门工作协调，开展团队建设；

（7）做好与业主、监理单位、设计单位、顾问公司、政府、施工总承包单位等外部协调，与业主保持经常接触，随时解决施工过程中出现的各种问题，替业主排忧解难，确保业主利益；

（8）积极处理好与项目所在地政府部门的关系。负责资金回收、支付等工作。

其部门设置宜推行大部制，一般为生产建造部（工程板块和协调板块根据工程实际情况可分可合）、设计技术部、质量部、安全部、计划部、商务合约部、综合管理部。机电总包管理部门职责定位见表 2.2-2。

机电总包管理部门职责定位　　　　　　　　　　　　　表 2.2-2

部门	职责定位
生产建造部 （工程板块）	（1）规划、实施、监控工程建造过程，确保工程按期竣工，并达到质量、安全与费用成本控制要求； （2）管理、组织、协调整个工程建造团队； （3）管理、协调、监控、考核专业工程分包商； （4）管理、协调施工现场公共资源； （5）参与专项施工方案编制工作
建造部 （协调板块）	（1）负责公共设备、临时水电等资源的安装、维护与运行管理； （2）开展生产资源管理、协调，施工测量管理等工作
设计技术部	（1）提供深化设计（含 BIM 技术及应用）、技术管理服务，负责施工方案审查、科研管理、工程资料管理； （2）管理设计过程，确保符合既定目标和标准，以及符合政府和业主的要求； （3）负责协调、解决各专业深化设计中专业内及专业间的矛盾； （4）负责各专业深化设计接口确定及界面划分； （5）负责材料（样品）送审、设备选型等工作； （6）负责专项施工方案编制工作

部门	职责定位
质量部	(1)建立并执行质量监督计划； (2)负责项目试验检测管理； (3)监控项目过程关键质量环节,确保其符合质量目标和规范要求； (4)监控分包商质量管理工作,确保项目达成质量管理目标
安全部	(1)建立并执行安全管理计划、环境管理计划； (2)参与编制审核安全专项施工方案,确保风险受控； (3)监控分包商安全、环保管理等工作,确保项目达成安全、环保管理目标
计划部	(1)负责总体、重大节点、年、季度、月计划的发布及工期风险管理； (2)组织编制设计、采购、施工相关接口策略计划,并提出控制建议； (3)组织编制各系统进度计划,并进行监控； (4)提供相关报告供项目总经理决策； (5)负责考核月、季、年计划完成情况,并出具奖惩意见
商务合约部	(1)管理、组织商务合约团队,为项目管理团队提供合约服务； (2)负责项目资金策划管理； (3)在授权范围内,管理分包招标、合同管理过程； (4)在授权范围内,管理主要设备材料的招标、合同、采购过程； (5)管理总包及分包合同,进行成本分析,评估结算、变更索赔,控制项目预算达到预定目标
综合管理部	(1)提供项目党群、行政、人资、后勤管理服务； (2)资料往来收发、公共邮件管理、沟通、联络项目外部关系,保障项目正常运行； (3)管理宣传、文化、党工团工作,落实企业各项政策； (4)来访人员接待、后勤以及处理工程生产以外琐碎事务

注:项目部承担的部分财务、法务工作职能一般上浮到企业层面,特殊情况可根据实际情况设置财务部。

3. 施工管理层管理职责

施工管理层即专业工程（分包）项目部,其管理职责主要如下:

(1)拟定各专业工程深化设计工作计划,交机电工程总承包管理层审核,并按机电总包、业主审核反馈结果,组织实施专业工程的深化设计工作。

(2)负责其管理范围内的施工组织设计审核、专业施工方案审核,并按机电工程总包商要求合理、优化配置专业工程施工生产要素。

(3)负责各专业工程协调工作。对接机电总承包商,保证施工生产顺利进行。

(4)负责组织制订各专业工程项目部总体施工规划及月、周工作计划,包括专业施工班组及专业分包方的年、月、日工程施工进度计划,劳动力、机械设备、物资进场计划,并负责组织实施。

(5)参加相关专业工程协调会及机电工程总承包人各种会议,并组织召开专业工程项目部生产会。

(6)负责各专业工程安全、质量、进度的控制与管理。

2.2.5 组织运行稳定措施

各岗位职责由主要管理部门明确,在专业领域、工作层次、工作量三要素的大框架下,以因事设岗、职责稳定性、最少岗位数、规范化、风险与内控、管理跨度适宜为一般原则。做到人人有岗,人人有责。

岗位职责应书面化并不断修正，一般可采用矩阵型格式，显示工作包或活动与项目团队成员之间的关系。矩阵图能反映与每个人相关的所有活动，以及与每项活动相关的所有人员。它也可确保任何一项任务都只有一个人负责，从而避免职责不清。

通过组织架构的动态管理，针对各实施阶段管理任务特点，有效分配了资源，极大的发挥了组织管理优势，但为避免因组织架构的调整，出现组织不稳定性，外部对接不清晰，工作不规范等现象，应根据实际情况制定工作流程表、任务分工表规范流程行为，执行落实计划任务，通过绩效管理监督考核，制定纠偏措施，使项目组织架构能保持高效稳定的运行。

1. 工作流程图

根据建设单位、监理单位、土建单位的项目管理制度，结合机电安装特点，编制机电总承包深化设计、物资采购、现场协调、移交管理等制度流程图，把每项工作的程序流程进行梳理明确。

2. 任务分工表

为保证各部门与部门或区域与区域之间主次职责明确，分工清晰，应结合组织架构的设置原则和管理任务内容特点，制定任务分工表，进行细化分工，使架构分工具体化。表2.2-3为末阶段平安国际金融中心部门工作任务分工表。

部门工作任务分工 表 2.2-3

序号	工作项目	自营空调部	深化设计部	质量安全部	总包管理部	商务管理部	物质部	办公室	科技中心	BIM部
1	深化设计管理	☆	●		☆		☆			○
2	BIM模型制作	☆	○		☆					●
3	施工方案编制	○	○		○				●	
4	施工现场管理	●		☆	○		○			
5	现场管线碰撞	●	○		○					☆
6	工程资料编制	●	☆		☆				○	
7	质量管理	☆		●	○					
8	质量验收管理	○		●	生					
9	工序移交管理	○		●						
10	安全管理	☆		●						
11	设备选型		●		☆		○			
12	设备材料采购	○	☆				●			
13	计划管理				●					
14	进度款管理	☆				●				
15	变更签证管理	●			○	○				
16	月度预算管理	○				●				
17	分包协调管理				○	●	☆			☆
18	考察接待管理	○						●	☆	☆

注：●—主办；○—协办；☆—配合。

3. 绩效考核

不论采用直线型组织架构还是矩阵式组织架构，各管理人员应制订月度工作绩效计划，在每月月末进行绩效考核，绩效考核由垂直部门领导或区域组长进行考核，考核分数排名与季度奖金进行挂钩，以加强组织架构约束力。

2.3 机电总承包深化设计及技术管理

机电总承包模式下的深化设计及技术管理，从机电系统运行的可靠性、稳定性、合理性以及后期营运的综合能耗加以优化；以项目信息系统为平台，以 BIM 模型为支持，以协调机制为手段，让各机电分包的建设与管理行为在时间与空间上进行综合集成，全面深化设计与协调机电专业与结构、建筑、幕墙、装饰的接口；在空间管理、管线综合之后，对系统进行重新复核，对技术方案进行可视化模拟，对设备材料技术参数进行核定，提高系统降耗增效运行能力，实现系统生命周期的量化管理。

2.3.1 深化设计及技术管理模式

1. 管理机构设置

按照机电总承包项目的组织架构设置技术部，负责所有分包的技术统筹管理工作，确保项目所有机电分包的深化设计图纸、技术方案、材料技术送审等工作准确、科学、先进。深化设计及技术管理机构图如图 2.3-1 所示。

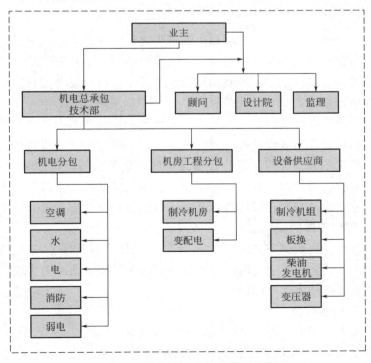

图 2.3-1 深化设计及技术管理机构图

2. 机电总承包深化设计及技术管理的职责

机电总承包单位统筹各机电分包按工程进度呈交本分包合同范围有关系统的深化设计图、技术方案、材料技术参数，供设计院、顾问业主审批。机电总承包负责管理各机电分包，并确保所有深化设计及方案深度必须达到业主及设计顾问的标准要求，统筹各设备材料商进行材料技术送审工作，确保材料设备技术参数满足功能需求。

机电总承包单位统筹及协调各机电系统包括高压配电、给水排水、消防及弱电系统等，编制机电系统的综合协调类图纸，协调机电系统与土建、幕墙、装饰等单位的系统交叉，并编制相关协调技术方案，供设计院、顾问、业主审批（表2.3-1）。

机电总承包深化设计及技术管理的职责   表 2.3-1

1	机电总承包负责建立完善图纸深化管理制度，主持图纸深化工作。深化管理制度中必须明确组织架构、人员分工，岗位职责，图纸深化标准，图纸深化流程，图纸审批流程，图纸交底流程
2	机电总承包负责建立完善技术方案管理制度，各分包单位的施工方案呈送设计、顾问、业主审批，审批通过后方可实施
3	机电总承包负责建立完善设备材料技术送审管理制度，所有材料设备技术资料须呈送设计、顾问、业主审批，确保技术参数满足技术规格说明书的要求，审批后方可进行设备排产、材料采购
4	机电总承包对其主管范围内各专业技术负有全面的协调管理责任，一切因为协调管理不当造成技术工作不及时而影响施工进度的责任由机电总承包承担
6	负责机电总承包范围内各专业深化设计成果、施工方案、设备材料技术资料的审核。须按批准的深化图纸、施工方案进行施工，按批准的设备材料技术参数进行设备材料采购

2.3.2 总承包的深化设计与设计管理模式

机电总承包作为施工方，一般在项目工程开工之后方才介入，机电设计工作在前期已经展开，为了项目整体的全生命周期的管理，机电总承包在项目开工后更好与前期机电设计接轨，最终完善深化设计工作，因此前期设计与施工方深化设计的管理模式需基于机电总承包管理模式进行搭建。

管理模式包括确定设计的内容，如机电五大系统的参数和路由的全过程设计以及噪声隔震设计、带产品设计、节能设计等针对性专项设计；确定全过程设计的流程，如建立初设方案阶段系统优选的设计流程、设计段交叉系统提资的流程、与配套审查的设计流程、深化设计的管理流程；设计院、顾问、施工单位、甲供设备商、监理各方的职责在各自合同中明确约定；建立设计与深化设计管理会审运行制度和会议制度。

1. 设计全过程里程碑时间

项目初期应将设计里程碑节点融入总控计划，设计里程碑节点应包括：初设方案时间、设计出图时间、消防报审通过时间、规划报审通过时间、市政电力燃气通过时间、深化设计时间、材料设备技术送审时间。

2. 设计全过程内容深度

各阶段设计需要达到的深度：

（1）初设方案阶段：明确建设职能部门、业主的具体需求；确定电力负荷等级、容量、来源，备用电源性能要求，近远期规划数据；确定空调负荷、用水量、排水量；可行性方案比选，选择空调、配电、弱电、给水排水、消防主要采用的系统；燃气、电力、通信、市政专项初步方案。

（2）设计院出图阶段：设计施工说明完整；暖通、电气、给水排水、消防、弱电专业系统平面图及系统图完整；预留二次设计范围，如精装配合、带产品设计；燃气、电力、通信、市政初步施工图。

（3）深化设计阶段：管线路由满足可指导现场施工；设备及附件选择满足功能需求；复核参数符合设计要求；综合协调满足各专业系统的无碰撞；各系统接口匹配完整；专项设计、带产品设计完整；材料设计技术送审。

（4）施工阶段：行业施工要求或现场施工条件变化调整；设计不可实施的调整；效果距离设计需求差距的调整。

3. 消防审查专项管理

性能化设计报告、消防报审对最终系统形成影响较大，尤其是消防新规的执行，设备选型，避难面积/通道的确定，机房的布置，设备层管线的布局，防火措施的处理也将影响吊顶、管井空间。

为了避免消防意见对最终系统的影响，应设立消防审查专项管理，由设计院主导。

4. 配套小市政、供配电、燃气等专项管理

应进行小市政的专项管理和供配电的专项管理。小市政设计、供配电设计完成时间需满足调试节点之前正式通水、正式通电。配套小市政、供配电、燃气等专项分包需完成配套设计、专项审查、供应安装及专项验收。

5. 专项设计管理

（1）进行抗震专项设计。机电抗震设计已是重点，对于抗震措施的选择和布局也应在前期作出初步方案，抗震措施对楼层空间也造成一定的限制。

（2）进行节能专项设计。能耗偏高是超高层建筑目前的共性问题，节能系统和措施的采用，能源监控系统的介入都有利于大楼的节能。

（3）进行消声隔震专项设计。浮筑楼板设计、设备噪声控制、浮动平台、设备减震器、管道消声器、排水消声管等进行设计。

6. 深化设计管理

机电总承包确定深化设计的标准，包括但不限于深化设计的各方职责、深化设计流程管理、深化设计协调管理、深化设计内容管理、深化设计质量管理、深化设计计划管理。

7. 设计变更协同管理

在项目初期建立设计变更协同管理的基本制度。包括但不限于设计变更的定义、设计变更的类型、设计变更的时间点、设计变更的处理流程、设计变更的相关方各自权责、设计变更原则、确定设计变更的唯一形式。

8. 设计数据平台

为了保证信息的实时交互，实现数据的有效存储和共享，机电总承包打造建立项目层级数据共享平台，设计的审查、材料技术审批、深化设计的审批、图纸的下发、存档均通过平台。保证数据进出口的唯一性、数据的实时性。设计院、顾问、施工方、监理等所有参建单位，均使用该平台。

2.3.3 深化设计及技术管理内容

为保证整个机电系统功能的最终实现，机电总承包深化设计及技术管理内容见表2.3-2。

机电总承包深化设计及技术管理内容 表 2.3-2

责任单位	类别	分类	内容
机电总承包单位	综合图纸类	机电综合管线图	协调各专业的管线布置及标高，对确实无法满足要求的，及时与业主及设计院沟通解决
		综合预留预埋图	在综合机电平面图完成获批后调整各专业的预埋管线和预留孔洞、套管。重点标注预留预埋的定位尺寸
		机电土建配合图	显示机电管线穿越二次砌筑墙体的预留孔洞、预埋套管。显示对管井墙体砌筑要求
		机房深化综合图	对机房内管线、设备、设备附件布置综合考虑，保证施工便利、维修便捷、布局美观
		管井综合图	管线的排布要充分考虑管井内阀门等配件的安装空间和操作空间，预留管井的维修操作空间。保证管线的完整性
		综合点位图	配合精装修提供综合性各机电专业末端点位位置，以配合装修施工
	总包管理类	技术审核	是否符合设计规范、深化设计内容标准
		进度管理	是否能够满足总计划、周计划、施工计划
		质量管理	是否符合细则质量要求、修改跟进时间是否超过超时、修改次数是否超过三次
		内部处理流程进度	邮件处理、图纸审核、来函回复、发函跟进是否在规定时间内处理
		文档管理	待内部处理图纸文件、来函以及发往外面的正式文件
		方案进展	技术方案类是否跟进
		协调问题	是否存在，是否处理
专业分包单位	系统深化、技术方案类	专业深化设计优化方案	基于对设计要求的各系统功能有充分的理解，同时了解相关行业类似产品的情况及行业发展动态，提出可优化的设计方案
		参数复核计算	对相关参数进行核定，对差距大的，提出调整意见及计算数据，对各专业系统的相互衔接和完善细化，报请业主、顾问和设计院审核
		施工技术方案	对各系统的现场实施编制施工技术方案
	图纸类	专业优化图	专业优化指导图完善优化施工细节，做到指导施工
		专业留洞图	各专业的预埋管线和预留孔洞、套管。重点标注预留预埋的定位尺寸
		专业机电土建要求图	显示对管井墙体砌筑要求。显示专业设备运输路线的墙体砌筑要求。显示对设备基础的要求
		专业机房大样图	为创优提供保证美观；方便机电设备的运行、管理、操作及维护；依据机电设备的实际尺寸优化机房布置
		专业点位图	精装修要求区域，以装修公司提供的机电点位图为准
设备供应商	设备选型类	设备技术资料	设备选型技术资料、图纸提交设计、顾问审核

2.3.4 深化设计及技术进度管理

机电总承包根据工程总体施工进度计划，编制深化设计图纸出图计划、技术方案编制计划、设备材料技术送审计划，严格按照该计划实施，保证施工的顺利运行。深化设计及技术进度管理要求见表 2.3-3。

进度管理要求   表 2.3-3

1	机电总承包进场后及时提交机电工程深化设计总体进度计划、技术方案编制计划、设备材料技术送审计划
2	各机电专业分包商根据深化设计总体进度计划编制各专业的出图计划、技术方案编制计划、设备材料技术送审计划，并严格按照批准后的计划出图
3	机电总承包根据总进度计划定期进行检查，重点进行关键线路上深化设计及技术管理进度的控制，对影响进度的原因进行分析，找出原因，提出相应的解决方案
4	由于重大设计难点影响深化设计进度、技术方案进展的方面，组织专家进行技术攻关，解决技术难题
5	机电总承包每周召开各专业技术协调会，对每周的进度计划的实施情况进行检查、纠偏和调整

为促进深化设计及技术管理进度，深化设计图纸、施工技术方案、设备材料技术审查过程时间不应超过 30d。具体审查时间控制策略如图 2.3-2、图 2.3-3 所示。

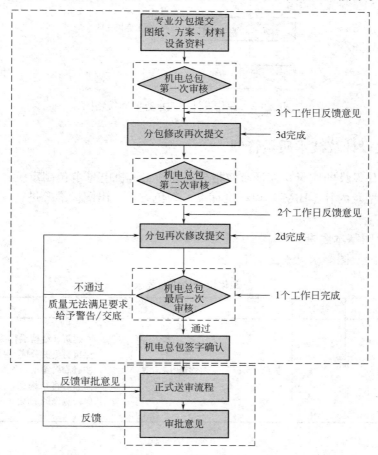

图 2.3-2　机电总包内部深化设计审查时间策略图

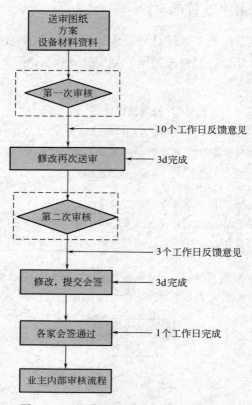

图 2.3-3　深化设计正式审查时间策略图

2.3.5　深化设计及技术质量管理

为保证深化设计的质量，保证有效指导现场施工，机电总承包制定统一的深化设计标准，对图纸类型及内容、BIM 建模精度标准、颜色方案、出图标准等进行规范，各专业分包依照执行。

1. 深化出图基本要求

深化设计的绘图要求见表 2.3-4、表 2.3-5。

深化设计的绘图要求 表 2.3-4

序号	专业/系统	线形	颜色	注释文字及标注	备注
1	建筑/结构	单线	灰色 8/43	随建筑/结构图	建筑和结构线作为底图，分块设置，保留必要的分区、房间名称、轴线及标注、标高、梁高、降板。在综合图绘制完成后将结构图以块的形式提出来，保证页面的清晰

序号	专业/系统	线形	颜色	注释文字及标注	备注
2	空调风	三线	蓝色5		风管、风口等规格、标高及平面定位尺寸
3	空调水	三线/单线	洋红6		管道标注其功能、规格、标高及定位尺寸
4	强电桥架	双线	青色4	字体 中文：HZTXT.SHX 英文：GBEITC.SHX 字高：3mm 高宽比：0.75	桥架规格、标高及平面定位尺寸
5	消防桥架/母线	双线	青色4		桥架规格、标高及平面定位尺寸
6	弱电桥架	双线	橙色30	标注 箭头：建筑标记 超出标记：1mm 超出尺寸线：1mm 起点偏移量：1mm 箭头尺寸：1.25mm	桥架规格、标高及平面定位尺寸
7	给水排水管	三线	绿色3		管道标注其功能、规格、标高及定位尺寸
8	消防水管	双线	红色1		管道标注其功能、规格、标高及定位尺寸
9	预留孔洞、套管	单线	洋红6		标注其功能、形式、规格长度、标高及水平定位尺寸
10	设备基础	单线	淡咖啡22		标识其功能、自身的尺寸和标高，定位的尺寸和标高及基础的主要制作条件
11	图名、项目名称	单线	黑色7	中文：宋体.SHX 英文：Arial.SHX 字高：5mm 高宽比：1	图名与图纸目录相对应，按统一原则编制，项目名称与原设计一致

深化设计出图要求 表2.3-5

序号	名称	内容
1	图纸格式	AutoCAD电子版出图格式：统一采用AutoCAD 2004/LT2004 图形保存
2	图纸比例及版面图幅	图纸绘制一律采用1：1的比例。打印比例要求如下：专业深化图及综合管线图、区域净空图、综合预留洞图采用1：100/1：150的比例；剖面图、详图、支吊架及机房、管井详图采用1：50或1：25的比例。同类型图纸的图幅均采用A1图幅或者A1+图幅。 图纸　　　　　　　图纸型号　　比例 要求土建配合图　　A1　　　　　1：100/1：150 平面布置图　　　　A1　　　　　1：100/1：150 机房大样图（平面及剖面）A1　　　1：20～1：50 系统流程及示意图　A1　　　　　无 装置大样图　　　　A1　　　　　1：10～1：50
3	图纸打印颜色	报审图纸综合类图含PDF形式图纸均采用彩色，图纸中内容的颜色和相对应的图层颜色均一致。专业图纸类均采用黑白色
4	图名图号	图名与图纸目录相对应，按统一原则编制。图号包括图纸专业及类别代码，以编号0、1、2、3、……

序号	名称	内容
5	图纸版本	深化设计图纸第一次出图版本号为"第一";修改后第二次出图版本号为"第二";修改后第三次出图版本号为"第三",依此类推,最后一次出图版本号为"终版"。在修改版本中列明修改依据,修改内容
6	图框	注明所参考的相关图纸的图号、图名、版号及出图日期,图纸项目名称、专业名称、系统名称、图纸序列号、出图日期。所有图纸均需有正式的图签并应标明本项目、本工程合同及有关图纸的名称、图号、最新修改号及修改内容、日期和图示比例。 深化设计均采用统一标准深化设计图框,根据项目制定,统一使用。图框包含项目名称、公司名称、出图日期、版本号、引用专业图纸编号、制图人、审核人、技术负责人签名
7	图纸组成	(1)建筑-结构-机电-装修综合图。 (2)机电深化施工图(由机电总承包主负责,包括但不限于以下): 综合管线图; 机房大样图; 系统流程图; 设备安装大样图; 复杂节点的三维模拟图。 (3)装饰工程六面体图及大样图、构造图(精装修单位)。 (4)各专业深化设计图、加工图(各专业承包商)。 (5)各种构造图、平面图、立面图、剖面图、节点大样图。 (6)深化设计模型,CAD模型或其他需要电子或实物模型,以及必要的计算书。 (7)其他要求的图纸

2. 各类深化设计图纸内容要求

各类深化设计图纸内容及要求见表 2.3-6～表 2.3-12。

综合管线图内容要求   表 2.3-6

序号	名称	内容
1	绘制目的	绘制目的:解决设计院图纸中出现的疏漏;统筹机电施工;对机电专业做进一步优化;显示施工难点区域,预判并提供解决方案;优化工序及工艺
2	图纸组成	包含图纸目录,设计说明,综合管线平面图,综合管线剖面图,区域净空图,机电点位布置图
3	图纸内容一般要求	(1)使用建设方提供的最新版图纸及设计变更,及时更新图纸。 (2)各专业系统齐全,管线完整,准确,正确,标注、注释须完整、清楚、准确、简洁明了。 (3)管线复杂,转向处及建筑的特殊部位必须绘制剖面大样图。 (4)标明各管线标高:对于单根水管和非矩形风管,采用管中心标高;对于矩形管线如风管、线槽等采用管底标高;对于两根及以上数量水管或风管并共用支吊架,采用支吊架水平横担的上表面标高。 (5)标明管线走向及相关定位尺寸。 (6)确定标高及定位时须考虑管线支吊架空间,管线安装空间,管线检修空间,阀门维修、操作空间。 (7)管线间距及排布符合规范要求;管线排布整齐,横平竖直,层次分明,成行成列

序号	名称		内容
4	图纸内容专项要求	设计说明	包含：工程概况，设计依据，专业数量及属性，新增或已调整内容（如图例、图层，变更编号等），管线排布原则，施工工序，特殊工艺，新材料，新工艺，待定事项
		综合管线平面图	(1)显示机电各专业设备、管线、附件、支吊架，设备、管线标高，设备、管线水平定位尺寸，细节详图。 (2)DN100及以上消防水管，给水排水水管，空调水管，风管以双线展示；DN100以下消防水管以单线展示。 (3)显示全部数量的机电专业，反映机电管线的具体走向、标高、水平定位，机电管线转向位置、类型(上下)，并辅以剖面图、细节详图展示。 (4)对于有装修要求的，装修顶棚标高，装修造型等多因素影响。 (5)显示不同形式消防喷淋头：仅下喷，仅上喷，上下喷。 (6)对于设备层、设备房、建筑屋面等特殊位置，显示检修通道。 (7)与管井实现水平、垂直两个方向的完全对接
		综合管线剖面图	(1)显示建筑完成面标高。 (2)显示机电设备、管线的类型，走向，水平位置，水平标高。 (3)显示吊架的位置，类型，结构构造，结构外观，材料规格，必要时辅以细节详图。 (4)对于有装修要求的，显示装修造型
		机电点位布置图	(1)精装修要求区域，以装修公司提供的机电点位图为准。 (2)非精装且有顶棚区域，包含下列内容：风口、烟感、喷淋头、消防水炮、灯具、摄像头、投影仪、投影幕等。 (3)无顶棚如车库，包含下列内容：风口，灯具，摄像头，喷淋头（仅下喷）等。 (4)显示水平定位尺寸

设备运输路线图内容要求　　　　　　　　　　　　　　　表 2.3-7

序号	名称		内容
1	绘制目的		将设备运输方案以图纸形式表示，为土建等承建商配合机电设备运输提供依据
2	图纸组成		包含图纸目录，设备运输路线图
3	图纸内容专项要求	图纸目录	图纸目录中包含覆盖全部图纸，无遗漏；图纸目录包含图纸名称，编号，版本号等与相对应的图纸完全一致，无错误
		设备运输路线图	(1)以建筑工地入口为起点，以设备安装位置为终点，绘制完整运输线路，以箭头显示运输方向。 (2)显示运输方式，如：汽车吊吊装，施工电梯，叉车等。 (3)显示土建预留洞，吊装孔的位置和尺寸。 (4)各专业系统齐全，标注、注释须完整、清楚、准确、简洁明了

管井综合图内容要求　　　　　　　　　　　　　　　　表 2.3-8

序号	名称	内容
1	绘制目的	统筹安排管线，充分利用管井空间；优化工艺及工序；方便维护和使用
2	图纸组成	图纸目录，设计说明，管井编号图，管井综合平面图，管井立面+平面综合图

序号	名称	内容	
3	图纸内容一般要求	(1)使用建设方提供的最新版图纸及设计变更,及时更新图纸。 (2)各专业系统齐全,管线完整,准确,正确;标注,注释须完整、清楚、准确、简洁明了。 (3)管线、管件、配件、附件等按实际尺寸绘制。 (4)考虑管线安装。管件安装,支吊架安装,管井检修,阀门维修,操作等空间。 (5)管线间距及排布符合规范要求;管线排布整齐,横平竖直,层次分明,成行成列	
4	图纸内容专项要求	图纸目录	图纸目录中包含全部图纸,无遗漏;图纸目录包含图纸名称、编号、版本号等与相对应的图纸完全一致,无错误
		设计说明	设计说明包含但不限于下述内容:工程概况,设计依据,专业数量及属性,新增或已调整内容(如:图例、图层,变更编号等),管线排布原则,施工工序,特殊工艺,新材料,新工艺,待定事项
		管井编号图	(1)深化设计底图中的建筑施工图为基础,对全部数量的管井进行编号,不遗漏管井,编号不重复、有规律。 (2)管井编号垂直方向以建筑最顶层平面为起始,以建筑最顶层平面为终点,顺序为从下至上。管井编号水平方向顺序为从左至上右。专业专用管井显示专业代码。管井依据其起始层编号,在其经过的全部楼层的编号保持一致。示例:GJ-AC-B3L5-06,表示该管井由地下三层至五层,在地下三层为从左至右第六个空调管井,在其经过的地下二层等楼层均标注为GJ-AC-B3L5-06
		管井综合平面图	(1)以深化设计底图为基础。 (2)显示该楼层全部数量管井,并附管井编号。 (3)与综合管线平面图结合,实现机电管线水平与垂直方向的完全对接。 (4)显示单个管井内全部机电管线;不显示机电管线的附件、配件如阀门;不显示支吊架及其相关内容
		管井立面+平面综合图	(1)以单个管井目标单元,以建筑垂直方向为主线,附加各楼层管井平面。 (2)显示该管井内机电专业全部数量管线、附件,支吊架,设备;管线水平、垂直定位尺寸;附件、配件水平、垂直定位尺寸;支吊架水平、垂直定位尺寸;细节详图。 (3)显示该管井内完全数量的支吊架,同时支吊架应显示位置、类型、结构构造,结构外观,材料属性,材料规格,固定方式,螺栓数量,螺栓规格,必要时辅以细节详图。 (4)显示全部数量的机电专业垂直方向转水平的接驳点,反映其具体走向、标高、水平定位,必要时辅以细节详图

机房深化综合图内容要求 表 2.3-9

序号	名称	内容
1	绘制目的	为创优提供保证;方便机电设备的运行、管理、操作及维护;依据机电设备的实际尺寸优化机电系统;统筹机电施工;显示施工难点区域,预判并提供解决方案;优化工序及工艺
2	图纸组成	包含图纸目录,设计说明,机房编号图,机房设备基础图,机房深化综合平面图,机房深化剖面图,检修通道图,机电点位布置图

序号	名称		内容
3	图纸内容一般要求		(1)使用建设方提供的最新版图纸及设计变更,及时更新图纸。 (2)必须采用设备的实际尺寸,该尺寸与采购安装的设备完全一致。 (3)优先采用公用支吊架。 (4)各专业系统齐全,管线完整、准确、正确;标注、注释须完整、清楚、准确、简洁明了。 (5)标明各管线标高:对于单根水管和非矩形风管,采用管中心标高;对于矩形管线(如风管、线槽等)采用管底标高;对于两根及以上数量水管或风管并共用支吊架,采用支吊架水平横担的上表面标高。 (6)确定标高及定位时须考虑管线支吊架空间,管线安装空间,管线检修空间,阀门维修、操作空间。 (7)管线间距及排布符合规范要求;管线排布整齐,横平竖直,层次分明,成行成列。 (8)管线复杂、交叉、重叠、转向等处必须绘制剖面大样图。 (9)国家、地方设计施工图集参考
4	图纸内容专项要求	图纸目录	图纸目录中包含覆盖全部图纸,无遗漏;图纸目录包含图纸名称、编号、版本号等与相对应的图纸完全一致,无错误
		设计说明	设计说明包含但不限于下述内容:工程概况,设计依据,专业数量及属性,新增或已调整内容(如图例、图层,变更编号等),管线排布原则,施工工序,特殊工艺,新材料,新工艺,待定事项
		机房编号图	(1)深化设计底图中的建筑施工图为基础,对各类型全部数量的机房进行编号,不遗漏机房,编号不重复,有规律。 (2)机房编号垂直方向以建筑最顶层平面为起始,以建筑最顶层平面为终点,顺序为从下至上。管井编号水平方向顺序为从左至右上。 (3)依据专业的不同属性分别编号,不混编,不串号
		设备基础图	(1)以单个设备房为目标单元。 (2)显示设备基础的实际大小,具体尺寸,定位尺寸;预埋洞和预埋件的实际大小,具体尺寸,定位尺寸。 (3)显示机房内管沟、集水坑等设施的实际大小,具体尺寸,定位尺寸及其与设备基础的相对位置
		机房深化综合平面图	(1)以单个设备房为目标单元。 (2)综合管线图的全部内容及要求均适用于机房深化综合平面图,且对细节的要求更高。 (3)依据物业公司提出的诸项要求开展深化工作。 (4)依据政府相关部门要求开展深化工作,如高低压配电房满足供电局的验收要求
		机房深化剖面图	综合管线剖面图的全部内容及要求均适用于机房深化剖面图,且对细节的要求更高
		检修通道图	(1)以单个设备房为目标单元。 (2)显示全部机电设备的完整的检修路线,以机房入口为起点至具体设备,以机房出口(仅有一个出入口时,机房入口即为机房出口)为终点。 (3)显示检修通道的宽度
		机电点位布置图	内容及要求与综合管线图中的机电点位布置图一致

综合预埋留洞图内容要求   表 2.3-10

序号	名称	内容
1	绘制目的	为方便机电管线的安装以及对管线的保护,在其穿越楼板、剪力墙、梁、二次砌筑墙体等处时需先行埋设套管或留洞,综合预留洞图将所有机电专业综合起来,将留洞的位置标示于图纸
2	图纸组成	图纸目录,建筑结构留洞图,二次砌筑留洞图,电气管线预埋图
3	图纸内容一般要求	(1)各专业留洞齐全,无缺漏。 (2)根据最新版综合管线图绘制,并及时更新。 (3)按实际尺寸绘制矩形、圆形表示预留洞、预留套管。 (4)预留洞、预留套管位置按实际安装位置绘制。 (5)以带箭头的斜线折直的引线引出预留洞、预留套管的相关信息。 (6)预留洞、预留套管相关信息应包含:专业(空调及空调水专业:AC;给水排水专业:PD;消防水专业:FS;强电专业:EL;弱电专业:ELV)、位置(竖直方向留洞:S;水平方向留洞:W)、尺寸、标高的数据。 (7)绘制预留洞、预留套管时须考虑套管及管线的安装空间。 (8)标注、注释清楚简洁。 (9)为方便施工,在不影响建筑结构的情况下可考虑相邻管线使用同一综合预留洞
4	图纸内容专项要求	建筑结构留洞图	包含全部专业信息,并用指定代号区分:专业(空调及空调水专业:AC;给水排水专业:PD;消防水专业:FS;强电专业:EL;弱电专业:ELV)、位置(竖直方向留洞:S;水平方向留洞:W)、尺寸、标高的数据
		二次砌筑留洞图	(1)包含全部专业信息,并用指定代号区分:专业(空调及空调水专业:AC;给水排水专业:PD;消防水专业:FS;强电专业:EL;弱电专业:ELV)、位置(竖直方向留洞:S;水平方向留洞:W)、尺寸、标高的数据。 (2)依据综合管线进行留洞图绘制。 (3)考虑构造柱、圈梁等因素
		电气管线预埋图	(1)明确管线、连接盒的规格型号。 (2)显示接地跨接的具体位置,施工细节。 (3)显示线盒、线管的定位。 (4)显示特殊部位的施工细节,如梁板结合部位

土建配合条件图内容要求   表 2.3-11

序号	名称	内容
1	绘制目的	配合土建施工
2	图纸组成	包含图纸目录,土建配合条件图
3	图纸内容一般要求	(1)以建筑施工图为基础。 (2)显示需延迟砌筑或封堵墙体、楼板、管井等的具体位置,尺寸,作为机电、土建相互配合的依据。 (3)具体要求与综合留洞图一致

表 2.3-12

序号	名称	内容
1	绘制目的	更正疏漏;更新图纸;技术把关;使优化设计的作用及内容与不同深化阶段要求相适应
2	图纸组成	图纸目录,各专业优化图
3	图纸内容 一般要求	(1)依据不同专业属性分别制作。 (2)深化前期:更正设计院提供图纸中的疏漏;从施工、运行、维护的角度,细化图纸,提供优秀的技术方案,并在图纸中体现;完善机电系统。 (3)深化中期:接收设计院变更,更新专业图纸;为深化设计提供技术支持,包含专业技术参数和数据的计算,核验。 (4)深化后期:审核深化图纸中的所属专业部分,技术把关;将深化图纸分专业整理,作为现场施工的唯一图纸依据;依据现场施工的调整而更新,并形成竣工图纸。 (5)依据精装修图纸,设计、调整、细化专业图纸;依据租户要求,设计、调整、细化专业图纸

3. 施工方案编制要求

施工方案编制要求见表 2.3-13。

施工方案编制要求

表 2.3-13

序号	名称	内容
1	编制目的	指导现场施工
2	方案组成	编制施工组织设计、各分部分项工程施工方案; 对工艺要求比较复杂或施工难度较大、危险性较大的分部分项工程及易出现质量通病的部位,编制专项施工方案
3	内容一般要求	施工方案编制应当包括以下内容: (1)工程概况:工程内容、施工平面布置、施工要求和技术保证条件。 (2)编制依据:相关法律、法规、规范性文件、标准、规范及图纸(国标图集)、施工组织设计等。 (3)施工计划:包括施工进度计划、材料与设备计划。 (4)施工工艺技术:技术参数、工艺流程、施工方法、检查验收等。 (5)施工安全保证措施:组织保障、技术措施、应急预案、监测监控等。 (6)计算书及相关图纸。 在编制施工方案时应重点突出,施工部署流程清晰,图文并茂,关键控制要点明确,充分运用计算软件及 BIM 工具,安全预防、检查、应急措施到位,明确责任落实到人,明确责任部门、人员、完成时间、资源配置

4. 设备材料技术送审资料编制要求

设备材料技术送审资料编制要求见表 2.3-14。

设备材料技术送审资料编制要求

表 2.3-14

序号	名称	内容
1	编制目的	保证设备材料的技术参数满足设计图纸和技术规格说明书约定的规格、质量和性能的要求
2	组成	所有甲供设备、乙供设备、主材、辅材均编制设备材料技术送审资料

序号	名称	内容
3	内容一般要求	选用的设备及材料技术资料送审,应针对性包括下列资料:(1)产品技术说明书、数据、有关政府部门的批准文件;(2)制造商资料;(3)设备的制造标准;(4)运作时的重量及尺寸;(5)马达负荷计算及电力要求;(6)压力计算(水泵等适用);(7)噪声数据,消声设备的选择及计算;(8)控制线路图表;(9)安装详图;(10)备用配件清单;(11)出厂检验报告;(12)操作及维修保养说明书

5. 技术审查

机电总承包及设计院、顾问对各分包单位的深化设计成果、施工方案、材料设备技术资料进行审查,编制及审查单位和各相关单位工作要点见表 2.3-15。

技术审查工作要点

表 2.3-15

序号	编制及审查单位		工作要点
1	绘制单位	各机电专业分包和专项供应商	根据各相关单位提供的图纸、深化设计条件和要求,完成本专业和本系统内的深化设计,并提交 BIM 模型。 根据施工工艺特点,编制分部分项工程施工方案。 根据图纸设计和技术规格说明书的要求编制设备材料技术送审资料
2		机电总承包	根据各相关单位提供的施工图纸、深化设计条件、设计要求、设计条件建立机电系统的 BIM 模型,出具协调碰撞报告,完成协调类深化设计图纸。 审查各机电专业分包和设备供应商的深化设计图纸、施工方案和设备材料技术资料是否符合要求,并反馈给专业分包及设备供应商
3	审查单位	总包单位	审查及组织各单位会签是否满足技术协调要求;是否满足总体施工组织工艺要求;与土建、机电、钢结构、装修等专业相关连接节点是否满足技术要求
4		机电顾问	深化设计是否符合图纸及规范要求;审查计算书;审查设备材料技术资料是否符合技术规格说明书的要求
5		设计院	深化设计图纸是否符合初设图纸及规范要求;审查计算书;审查设备材料技术资料是否符合设计性能要求
6		BIM 咨询顾问	检查提交的模型深度是否满足 BIM 要求检查碰撞报告,接收模型并集成在整体 BIM 模型内,出具综合碰撞报告
7		监理方	协调设计、总包及深化设计方,提出相关意见及建议,审核各分部分项施工方案
8		其他	审查 LEED 认证相关内容等
9		业主方	协调各方,确保技术工作顺利进行。确认经各方审批最终的技术文档

2.3.6 深化设计及技术流程管理

为保证深化设计的具体实施，深化设计的具体流程如图 2.3-4～图 2.3-8 所示。

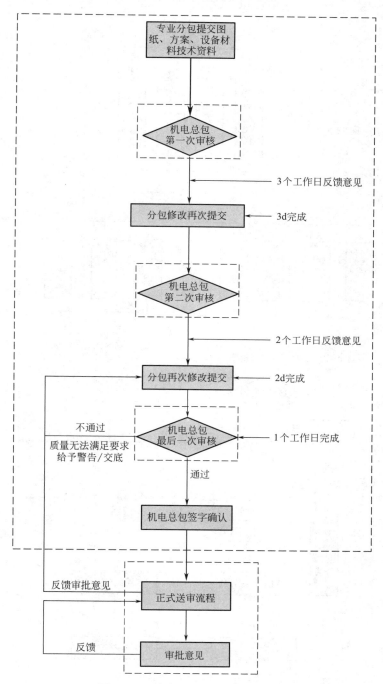

图 2.3-4 技术文件内部审批流程图

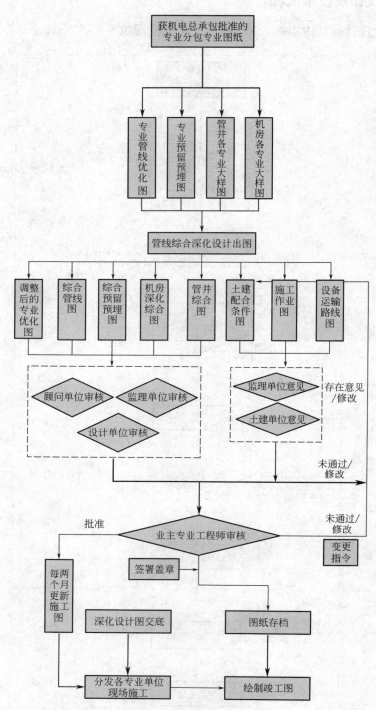

图 2.3-5　深化设计图纸外部审批流程图

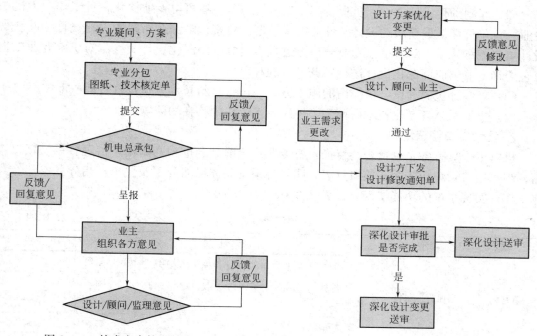

图 2.3-6 技术方案协调核定流程图

图 2.3-7 深化设计变更流程图

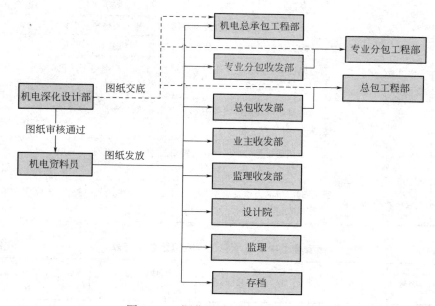

图 2.3-8 深化设计图纸发放流程图

2.3.7 深化设计及技术协调管理

1. 技术协调制度

（1）组织、协调各相关的专业工程分包商制定技术管理实施细则，负责机电技术进度管理和总体技术统筹。

（2）编制深化设计文件，负责合同约定范围内的所有机电专业深化设计工作，为机电专业分包单位提供最新版的设计条件图纸或模型。负责机电综合管线图深化设计，并获得设计单位盖章认可，对各机电专业分包方进行机电综合图深化设计交底。对机电专业工程分包商和专业供应商深化设计进行协调、管理和审核。

（3）对各分包商和设备供应商的施工方案、设备材料技术方案进行管理、审核。

（4）定期召开各专业技术协调会，解决技术工作中存在的问题。

2. 技术接口管理协调

机电工程具有各系统整合的特征，各专业系统的结合也相当紧密，梳理各系统接口界面，制作接口管理矩阵图及接口点表，明确各系统具体界面分工及要求，指导各参建方具体工作，实现系统的功能实现，见表 2.3-16～表 2.3-18。

接口清单表　　　　　　　　　　　　　　　　　表 2.3-16

接口编号	项目	接口描述	位置
A01	通风管道安装	结构及二次结构开始前 45 天机电要提交洞口预留图给土建	
		风管套管安装完成并填塞完成、找正后由土建完成套管外的填塞	
		出楼面风管与屋面结构做法	屋面
A02	风机安装	风机设备基础由机电提交基础图，由土建完成基础施工，在三方验收后移交机电	机房
		由电气专业完成风机接地扁钢预埋，其主要技术要求见附图	机房
		屋面风机电源管采用镀锌钢管预埋至风机基础处，详见附图	屋面
		风机电源由强电专业引至控制箱上端口，配电箱至风机电源由空调专业完成	
A03	风阀	防排烟风阀执行器采用 24V 直流电源，由消防专业提供端子要求，由空调专业采购	
		空调送排风电动风阀执行器采用 24V 直流电源，由弱电专业提供端子要求，由空调专业采购	
A04	百叶供应与安装	混凝土剪力墙及后砌墙体百叶尺寸及位置由机电提供，土建完成收口	电梯机房、屋面排风竖井

平安金融中心总承包工程接口管理矩阵表　　　　　　表 2.3-17

专业	编号	项目	土建	钢结构	装饰	幕墙	电梯	通风空调	消防	弱电	给水排水	电气	高低压配电	市政	园林
空调系统	A01	风管	◇												
	A02	风机	◇						◇	◇		◇			
	A03	风阀							◇	◇					
	A04	百叶	◇		◇	◇									
	A05	风口			◇				◇						

专业	编号	项目	土建	钢结构	装饰	幕墙	电梯	通风空调	消防	弱电	给水排水	电气	高低压配电	市政	园林
空调系统	A06	VAVBOX								◇		◇			
	A07	风机盘管										◇			
	A08	排风扇	◇		◇		◇								
	A09	制冷机	◇								◇				
	A10	水泵	◇									◇			
	A11	管道	◇								◇				
	A12	水阀									◇				
	A13	冷却塔	◇			◇					◇	◇			
	A14	冰蓄冷槽	◇												
电气	B01	桥架	◇		◇										
	B02	配电箱	◇					◇	◇	◇		◇	◇	◇	◇
	B03	电线电缆	◇			◇									◇
	B04	照明类灯具			◇						◇				
	B05	消防相关灯具			◇										
	B06	开关面板			◇										
	B07	防雷接地	◇	◇			◇	◇	◇	◇	◇		◇		
	B08	发电机	◇				◇		◇						
	B09	高低压配电	◇												
给水排水消防	C01	水管	◇	◇	◇									◇	◇
	C02	消防水炮			◇										
	C03	消防箱	◇		◇										
	C04	喷头			◇										
	C05	洁具	◇		◇										
	C06	水泵	◇									◇			
	C07	水箱	◇								◇				
	C08	集水坑	◇												

表 2.3-18

楼宇自控系统监控矩阵（塔楼交换站系统）

弱电控制	强电控制	控制点	数量	数字信号输出（DO）				模拟信号输出（AO）			数字信号输入（DI）									模拟信号输入（AI）													
				电动蝶阀开/关控制	高水位报警	低水位报警	水泵	水泵速度控制	水阀门控制	冷冻水温度设定	水阀开/关状态	设备错误/报警状态	冷冻水流状态（流量）	阀门开/关状态	冷却水流状态（压力）	液位检测	水流开关检测	手动/自动开关状态	变频器错误/报警状态	室外温度/湿度	冷冻水/热水供水温度	速度反馈	冷冻水流量	冷冻水温度	冷冻水/热水回水温度	冷却水/热水供水温度	冷却水回水温度	压力	热交换器出水温度	环路压力	电动蝶阀门控制	水阀门控制	旁通水温度
DDC-T50-2	50APS2-WP1	冷冻水泵																															
	50APS2-WP1	B-L50-5																															
	50APS2-WP2	B-L50-6																															
	50APS3-WP1	B-L50-7																															
	50APS5-WP1	B-L50-8																															
	50APS5-WP2	B-L50-9	14	14			14	14				14			14			14	14			14										14		
	50APS6-WP1	B-L50-10																																
	50APS7-WP1	B-L50-11																																
	50APS7-WP2	B-L50-12																																
	50APS8-WP1	B-L50-13																																
	26APS8-WP2	B-L26-1																																
	26APS8-WP3	B-L26-2																																
	26APS9-WP1	B-L26-3																																
	26APS9-WP2	B-L26-4																																
	26APS9-WP3	B-L26-5																																
DDC-T26-1	26APS8-WP1	B-L26-6	12	12			12	12			12	12			12			12	12			12										18		
	26APS7-WP1	B-L26-7																																
	26APS7-WP2	B-L26-8																																
	26APS7-WP3	B-L26-9																																
	26APS6-WP1	B-L26-10																																
	26APS6-WP2	B-L26-11																																
	26APS6-WP3	B-L26-12																																
	82AP2-WP1	B-L82-1																																
DDC-T82-2	82AP2-WP2	B-L82-2	3	3			3	3			3	3			3			3	3			3										3		
	82AP2-WP3	B-L82-3																																
		板式换热机组																															
DDC-T26-1	26AP4	HR-L26-1~12	12	12					12		12														12	12	12	12	24			12		12
DDC-T50-1	50AP2	HR-L50-1~9	9	9					9		9														9	9	9	9	18			9		9
DDC-T65-2	56AP1	HR-L65-1~3	3	3					3		3														3	3	3	3	6			3		3
		合计		82				53			169										232													

2.3.8　深化设计及技术文档管理

为确保技术文件的及时性，机电总承包负责机电各专业技术文件的管理监督指导，要求对施工图、施工方案、设备材料技术送审资料进行统一编号及电脑图编码，对纸质版份数和格式进行规范。

机电总包技术部人员接收业主图纸、设计变更等相关技术文档，登记存档，并发放各机电分包单位。接收各分包单位的深化设计图纸、施工方案、设备材料技术送审资料，发送设计院、顾问、监理、业主等单位进行审核，并将审核完成后的技术文档存档，并再次传达到各机电分包单位。

2.4　机电总承包计划管理

工程计划管理是以工程施工综合进度表为依据，按施工流程、工序衔接、交叉配合等要求和设计、设备、材料、机具、劳动力、资金等因素，在施工过程中不断调整，使工程顺利进行的管理工作。

在项目施工过程中，以项目合同工期为依据，制订符合施工流程、工序衔接、交叉配合的各项计划，过程中图纸设计进度、设备订购、材料进场、机具劳动力配备、资金等必要条件在施工时不断调整，让必要条件合理调配，满足各项施工计划，使工程顺利进行的管理工作，也满足了合同工期即施工总进度计划。

超高层机电施工部署两条主线贯穿全程，空调施工为空间主线，消防验收为时间主线，其他机电施工内容依附这两条关键线路进行编排，并以各系统调试的功能实现为阶段目标。一般情况下，超高层机电工程可分两大区域施工，塔楼为第一施工区域，地下室及裙楼为第二施工区域，两大区域错期并行流水施工。

超高层分区流水施工原则，流水化施工是最优的资源利用；流水化施工是最快捷的施工节奏；流水化才能保证整个项目有条不紊地进行。

根据建设单位总控计划，依据机电工程施工部署，分层级编制各类计划，如图 2.4-1 所示。

2.4.1　总进度计划管理内容及要点

1. 计划管理理念

根据项目特点进行管理理念的统一，有助于项目各层级目标实施，如深圳平安国际金融中心机电总承包"靶心"理念（图 2.4-2），以"统筹组织，集成管理，协调服务"十二字方针丰富该理念，进行项目管理目标制定和资源保障措施，进一分解施工要素和实施策划。

超高层机电工程编制进度计划应遵循八大控制原则：深化设计先行原则，机电优先原则，主机房优先原则，样板先行原则，均衡施工及流水作业原则，工厂化预制原则，物流化配送原则和调试优先原则。

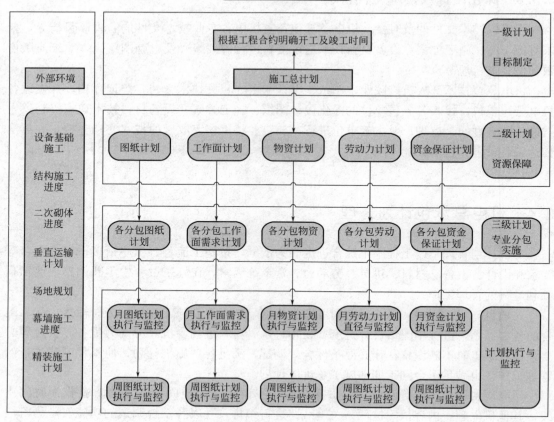

图 2.4-1　计划管理流程图

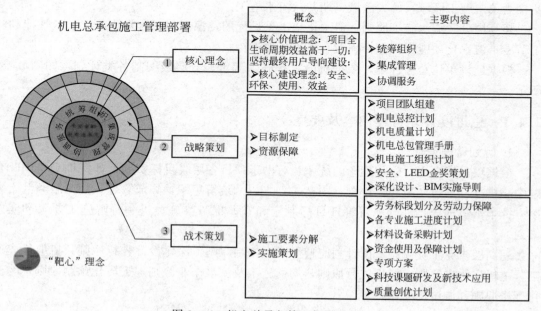

图 2.4-2　机电总承包管理部署理念

2. 超高层建筑进度计划编制要点

在超高层施工过程中计划编制的合理性及可操作性尤为重要，采用1＋5进度计划管理模式，"1"即总控计划，"5"即5大资源保障计划，以保证进度计划的顺利实施。下面根据深圳平安国际金融中心超高层施工过程中总结的计划编制经验进行说明。

（1）将计划管理作为各项工作之首，深化设计计划和工作面条件计划为先决条件，物料报审、进场计划，劳动力投入计划和资金保障计划为实施保障，开展各项施工工作。

总控计划针对工程结构及机电安装等方面的特点，在编制机电总控计划时考虑抓住空间施工主线和时间主线，充分考虑分包招（投）标、进场时间，设备招标、进场时间，重点考虑正式通水通电时间。

（2）总控计划控制要点：①以主要系统或关键目标（如空调系统施工及消防验收目标）明确的施工主线贯通项目建设全周期，其他专业及系统依附于主线并行施工，使工序交接明确。②超高层采取分区域同时或阶梯式并行方式（如裙楼地下室、低区、高区），以达到均衡施工的目的，减少专业交叉的制约，让土建、机电、精装修均衡施工同步推进总进度目标。③编制计划需按照施工进度要求对专业分包进场和设备供应时间进行编排。其中专业分包进场考虑了进场后深化设计工作的需求，设备供应考虑了业主招标、设备生产及运输时间。材料送审按地下室、塔楼、裙楼分阶段分类别进行。

（3）五大资源保障计划确保总计划顺利实施：资源合理配置是保障总计划顺利实施的必要因素，在总计划编制完成后，重点对资源保障计划进行跟踪反馈，按时按需提供资源保障才能顺利完成总计划目标。

① 技术保障：施工前的方案、图纸准备是人员、材料准备的重要参考标准之一，根据总控计划相应的分区施工顺序节点，编制对应的区域的技术准备计划，如深化设计出图计划、方案编制计划等，见表2.4-1所示。

技术保障计划表 表 2.4-1

项目名称：

编制日期：

×××项目图纸计划表											
序号	专业	图纸名称	图号	比例	图纸大小	计划送审时间	实际送审时间	计划批复时间	实际批复时间	责任人	备注

② 物资保障：根据审批的图纸及时采购相应的物资，并对物资的运输方式提前策划，根据总控计划的要求，编制材料进场计划、垂直运输需求计划等（表2.4-2）。

材料设备进场及运输计划表

表 2.4-2

工程名称：平安金融中心
分项工程：通风空调

功能	楼层	分项	子项	数量	图纸编号	进场时间	计划转运时间	预计完成转运时间	备注
设备层、避难层	113层	消防补风机	柜式低噪声离心风机	2	详M0011	2015/5/1	2015/5/1	2015/5/1	电梯搬运
		排风机	柜式低噪声离心风机（管道风机）	7	详M0028	2015/5/1	2015/5/1	2015/5/1	电梯搬运
		多联机	零冷媒流量多联室外机	4	详M0021	2015/3/20	2015/3/20	2015/3/20	电梯搬运
			壁挂式零冷媒流量多联室内机	14		2015/5/10	2015/5/10	2015/5/10	电梯搬运
		膨胀水箱	膨胀水箱	2		2015/5/2	2015/5/2	2015/5/2	电梯搬运
		风冷冷水机组	风冷冷热泵式冷水机组	2	详M0019	2015/4/18	2015/4/18	2015/4/25	塔吊吊装
		环网柜、变压器		8		2015/4/12	2015/4/12	2015/4/12	电梯搬运
		低压柜、变压器		17		2015/3/11	2015/3/11	2015/3/11	电梯搬运
		冷冻水泵（甲供）		已完成	详M0019	已完成	已完成	已完成	电梯搬运
		定压装置	膨胀罐定压补水装置（甲供）	1套	M0018材料设备表	2015/5/5	2015/5/5	2015/5/5	电梯搬运
交易层	112层	空调风机	组合式空调机组	2	配置参见M0014材料表	2015/3/15	2015/3/16	2015/3/16	塔吊吊装
		风机盘管	风机盘管	5	配置参见M0020材料表	2015/4/20	2015/4/20	2015/4/20	电梯搬运
		消声器	管道式消声器	4	按平面图	2015/7/20	2015/7/20	2015/7/20	电梯搬运
	111层	空调风机	组合式空调机组	2	配置参见M0014材料表	2015/3/15	2015/3/16	2015/3/16	塔吊吊装
		风机盘管	风机盘管	5	配置参见M0020材料表	2015/4/20	2015/4/20	2015/4/20	电梯搬运
		消声器	管道式消声器	4	按平面图	2015/7/20	2015/7/20	2015/7/20	电梯搬运
	110层	空调风机	组合式空调机组	2	配置参见M0014材料表	2015/3/15	2015/3/16	2015/3/16	塔吊吊装
		风机盘管	风机盘管	5	配置参见M0020材料表	2015/4/20	2015/4/20	2015/4/20	电梯搬运
		消声器	管式消声器	4	按平面图	2015/7/20	2015/7/20	2015/7/20	电梯搬运

③ 人员保障：材料及图纸具备的情况下，让施工班组进行现场安装功效评比，计算出平均每组工人的功效，根据总控计划及阶段目标中图纸的总工程量计算出需要的工人数量，并依此编制出人员保障计划（表2.4-3）。

劳动力保障计划表　　　　　　　　　　　　　　　　　　　表2.4-3

项目名称：
更新日期：
月份：

序号	专业	劳务队名称	标段	X月需求人数				本月总需求人数	本月实到人数	缺口人数	备注
				第一周	第二周	第三周	第四周				

④ 工作面保障：根据总控进度计划编制工作面需求计划，及时向土建、精装沟通，索要工作面，并根据每项工作的工作量及难易程度制订绝对工期计划，并以此作为土建、机电、装饰的工作面交接依据。

⑤ 资金保障：编制资金投入计划、付款计划等，对材料及劳务进行资金保障，为各项资源的顺利衔接提供支持。

2.4.2 进度计划过程管理

进度计划控制保证体系分析见表2.4-4。

计划控制保证体系分析　　　　　　　　　　　　　　　　表2.4-4

序号	分级计划	对应作用及管理措施
1	一级总体控制计划（机电总计划）	一级总体控制计划表述机电工程整体工期目标，形成机电工程总控计划，提供给总承包、业主和监理。总控计划在开工前需按业主BIM管理要求录入到项目管理软件系统中，施工过程中以总进度计划作为控制基准线，各部门均要以此进度计划为主线，编制关于实施项目综合进度计划的各项管理计划，并在施工过程中进行监控和动态管理
2	二级进度控制计划（阶段计划）	二级进度控制计划要以总进度计划为基础，以主要分部分项工程为目标，以专业阶段划分为依据，分解出每个阶段在具体实施时所需完成的工作内容，并以此形成阶段计划，便于各专业进度的安排、组织与落实，通过对各阶段工作的具体控制及落实，实现有效地控制工程进度的目的。在劳务队和分包进场时，将二级进度控制计划提供给他们，使他们对自己的工作时间安排有明确的认识。在每次月总结时，将二级进度计划的完成情况向全体人员，包括劳务队、材料供应商和专业施工单位进行通报

序号	分级计划		对应作用及管理措施
3	三级进度控制计划(月进度计划)		三级进度控制计划以二级进度计划为依据,进行流水施工和交叉施工间的工作安排,在二级进度计划控制的基础上,进一步加强控制范围和力度。月计划的安排,要求每个机电专业参与施工的单位均需要重视,要具体控制到每一个施工过程上所需要的时间,要充分考虑到各专业之间在具体操作时所需要控制的时间。三级进度计划的控制是对各施工单位进行监控和实施管理力度的最大点,是所有部门与专业组、专业施工单位必须服从的重点,是优化动态管理的依据
4	辅助计划	周计划	周计划是每周各专业队伍及分包完成工作计划的具体实施,由各专业现场负责人在工程例会上落实,并在下次工程例会上进行检查。总包方需将工程例会中对周计划的检查以及下周的周计划的安排进行汇总整理,并作出相应的分析,得出实际进度与计划进度的对比关系,将每周完成的工作情况与下周工作计划的调整与纠偏在监理例会上向总承包单位、业主与监理进行通报
		补充计划	对各级进度计划中出现的偏差进行纠偏,对修改后的计划及时制订补充计划和工期补救措施,并上报总承包及监理审批
		分项控制计划	按照工程实施情况,制订分项控制计划,分项控制计划在各专业交叉作业、施工进度较为紧张或工序复杂的情况下采用。起到对以上提到的各级计划的协调、补充作用,并在施工思路、施工顺序等方面更加突出,使得计划指导现场施工的意义更强,保证复杂工序的顺利完成。进行标准层施工时,将根据流水节拍和工序之间的关系,结合塔吊生产能力,编制标准层流水施工小时计划
		物流计划	按照进度计划的要求,制订各时段的物流计划,与同时段的进度计划一起报送总承包、监理单位审批。起到对进度计划的保障作用,确保机电工程的材料能在顺畅的到达作业层或中转库房,保障施工作业能连续实施

2.4.3 进度计划管理制度及内容

进度计划管理制度及内容见表 2.4-5。

进度计划管理   表 2.4-5

序号	管理制度	具体内容
1	利用 BIM 模拟施工总进度计划	(1)机电施工总进度计划编制完成后,应利用 BIM 的模拟演示功能,对总施工进度计划进行三维仿真模拟,通过模拟可分析出各工序安排交叉是否合理。对不妥处及时作出调整,保证实际施工中各工序的顺利进行。 (2)经过 BIM 模拟后的施工进度计划定版后,除要按照要求将对应的各级进度计划输入业主指定的 BIM 系统外,还要及时跟进填写实际进度计划以及各阶段的物资、人员、资金等业主要求的跟进内容,保证现场进度在受控范围内,同时,充分利用 BIM 系统作出计划进度与实际进度的对比情况,也会得到物资、资金、人员等各方面的对比情况,及时对实际进度计划作出科学合理的调整
2	工程进度计划编制办法	(1)统一内容:报表期间在现场工作的人员数量(技术管理人员、工程技术工人、非技术工人、后勤人员等管理人员及现场各人员人数记录);施工现场所使用的各种机械设备和车辆的型号、数量和台班,工作区段,工程进度情况等事项说明;用于下一工作时间段的材料、物品、设备的计划;日报表还应附上每日材料、物品、设备等分类汇总表。 (2)统一时间:明确指定分包单位的进度报表递交时间:日进度报表应于次日上午 8:00 之前递交,周进度报表应在次周的周一上午 9:00 之前递交,月进度报表应在每月第一天的中午 12:00 之前递交,季进度报表应在每季第一天的中午 12:00 之前递交。

序号	管理制度	具体内容
2	工程进度计划编制办法	（3）统一格式：为便于进度计划网络编制主体间的传递、汇总、协调及修改，对工程进度计划网络编制使用的软件进行统一，即工程进度计划网络编制统一使用P6软件。同时遵循业主单位对P6软件中的工作结构分解、作业分类码、作业代码及资源代码作出的统一规定。通过工作结构分解的统一规定对不同进度计划编制内容的粗细作出具体要求，即工程总进度计划中的作业项目划分到分部分项工程，阶段性进度计划中的作业项目划分到分项工程，甚至到工序。通过作业分类码、作业代码及资源代码的统一规定，实现进度计划的汇总、协调和平衡
3	工程进度计划审批制	（1）为了确保施工总进度计划的顺利实施，各机电分包商应根据分包合同和施工大纲的要求，提供确保自身分包段工程工期进度的具体执行计划，由机电总承包审核和汇总，并报送总承包、监理、业主的审批，通过审批后付诸实施。执行计划一旦通过批准，一般无特殊原因不作改变，要按照执行计划切实实施。 （2）通过对各机电分包单位编制的进度执行计划的审核批准，使得施工总进度计划在各个专业系统领域内得到有效的分解和落实，实现分级控制的方法，在专业分包这一级别的控制保证
4	进度计划的协调	（1）调度工作主要对进度控制起协调作用，通过协调配合施工所涉及的各个单位、各机械、各工序之间的关系，解决施工中出现的各种矛盾，克服薄弱环节，实现进度管理的动态平衡。 （2）调度工作的内容包括：调查作业计划执行中的问题，找出原因，并采取相应的措施解决；督促物资供应单位按进度要求供应资源；协调好各施工单位对施工现场临时设施的使用；督促相关施工队伍按计划进行作业条件准备；对项目部及劳务队传达决策人员的决策意图；发布调度令等。 （3）调度工作须及时、灵活、准确、果断。 （4）调度工作的主要方法为：①建立定期巡查制度。每周定期组织各分包单位、各专业作业队到施工现场巡查，现场的施工进度情况是巡查的重要内容之一。巡查过程中将有关重要内容记录下来，巡查结束后将记录内容整理后及时发文到项目部各部门及劳务队。②建立每周进度例会制度。每周五下午召开进度例会，由各分包单位、各专业作业队汇报现场施工进度情况和存在的问题以及下一步的工作安排，邀请业主代表参加。进度例会的内容包括：将现场施工的情况与施工计划进行对比，进行点评，并布置下阶段工作；对完成的进度进行检查，对开始情况、完成情况进行分析，提出纠偏措施；及时解决生产协调中的问题，及时解决影响进度的重大问题；掌握关键线路上的施工项目的资源配置情况，对于非关键线路上的施工项目分析其进度的合理性，避免非关键线路因延误变为关键线路。进度例会应形成会议纪要。③召开专题会议：对一些施工中存在的棘手问题，在现场组织召开专题会议予以解决
5	进度计划的检查制度	（1）施工进度检查与进度计划执行是融汇在一起的。计划检查是计划执行信息的主要来源，是对施工进度进行调整和分析的主要依据，是进度计划控制的关键步骤。 （2）进度计划的检查方法主要是对比法，即实际进度与计划进度进行对比，从而发现偏差，以便调整或修改计划。按计划图形的不同而采用不同的检查方法，包括：横道计划检查法、网络计划检查法、实际进度前锋线法等。 （3）建立监测、分析、反馈进度实施过程信息流动和信息管理工作制度，如工期延误通知书制度、工期延误检讨会、工期进展通报会等一系列制度。 （4）要求各分包、各专业施工队每日上报劳动力人数与机械使用情况，每周呈交进度报告，同时要求现场工程师亦跟进现场进度。 （5）跟踪检查施工实际进度，计划工程师监督检查工程进展。根据对比实际进度与计划进度，分别得出实际与计划进度相一致、超前或拖后的结论

序号	管理制度	具体内容
6	进度计划的调整	(1)进度计划调整的最有效方法是利用网络计划。调整的内容包括:关键线路长度的调整、非关键工作时差的调整、增减工作项目、调整逻辑关系、重新估计某些工作的持续时间、对资源的投入作局部调整等。 (2)当关键线路的实际进度比计划进度提前时,若不拟缩短工期,选择资源占用量大或直接费用高的后续关键工作,适当延长其持续时间以降低资源强度或费用;若要提前完成计划,则将计划的未完成部分作为一个新计划,重新调整,按新计划实施。 (3)当关键线路的实际进度比计划进度落后时,在未完成线路中选择资源强度小或费用率低的关键工作,缩短其持续时间,并把计划的未完部分作为一个新计划,按工期优化方法进行调整。 (4)非关键工作时差的调整,在时差长度范围内进行。途径有三:一是延长工作持续时间以降低资源强度;二是缩短工作持续时间以填充资源低谷;三是移动工作的始末时间以使资源均衡。 (5)增减工作项目时不打乱原网络计划的逻辑关系,并重新计算时间参数,分析其对原网络计划的影响。 (6)只有当实际情况要求改变施工方法或组织方法时,才可进行逻辑关系调整,且不应影响原计划工期。 (7)当发现某些工作的原计划持续时间有误或实现条件不充分时,可重新估算持续时间,并计算时间参数。 (8)当资源供应发生异常时,采用资源优化方法对原计划进行调整或采取应急措施,使其对工期影响最小。 (9)如果潜在延误只是工期延误的潜在因素,机电总承包单位将按照进度目标体系,及时评估延误可能性大小、延误工期长短。同时,机电总承包单位将协调各相关分包提出延误最小化的施工措施。 (10)当产生潜在延误的突发事件发生时,机电总承包单位将即时作出延误预期评估,发出延误通知,报告总承包、业主与监理,同时与总承包、业主和监理联络是否要更改施工计划,以便抢回损失之工期
7	工程进度报告制	每月由机电总包商编制并提供总承包、业主各一份每月进度报告,月报包括以下内容: (1)本月完成实物工程量及形象进度说明; (2)相应于计划的实物工程量完成比例; (3)各分包商劳动力投入情况; (4)材料、设备供应情况; (5)工程质量状况; (6)施工安全状况; (7)工程款支付情况; (8)合同工期执行情况存在问题及处理措施; (9)下月计划安排; (10)反映工程主要形象进度的工程照片
8	奖惩制度	(1)每月初,机电总承包管理部根据上月要求的单项工程控制节点目标进行检查,对按计划如期完成进度计划的负责团队给予一定的嘉奖;对未按计划完成的负责团队予以惩戒。 (2)在每个里程碑计划节点,对于按计划如期完成或者超前完成的,总承包单位特设进度奖,发放给其中表现突出的单位和个人。 (3)对于专业分包工程,总承包单位在与分包单位签订的合同中必须明确:若是由于分包单位自身原因拖延工期而使后续单项工程施工受阻的,该分包单位必须承担由此而产生的损失,同时保留对分包单位的工期索赔权

2.4.4　工期保证措施

1. 总工期保证技术措施
总工期保证措施见表 2.4-6。

总工期保证措施　　　　　　　　　　　　　　　表 2.4-6

序号	措施	对工期的影响
1	充分利用BIM进行项目管理	(1)利用三维模型进行项目整体深化,减少工序制约所费时间,避免专业冲突而引起的拆改; (2)利用BIM做到工作面交接系统化,避免因责任不清而影响下道工序插入
2	实行8小时工作制并换班作业	(1)现场拟安排工作时间为7:00~12:00,14:00~18:00,19:00~23:00;确保每个工人均不超过8小时的工作制。并按照劳动法保障工人休息。 (2)由于现场不提供生活区,为保证工作时间,拟午餐、晚饭送至现场,在现场附近租生活区用地
3	推行工厂化预制	(1)提高工程机电工厂化预制比例,提高管线、支架等的制作工效; (2)现场主要进行标准化的装配工作,减少焊接等低工效工作的工作量,实现工期的集约化管理
4	使用立管分段倒装技术	(1)根据空调水系统分区和二次换热布置,合理划分主干立管分段,在分段下部起始段核心筒楼板完成后,及时组织立管材料提前上料。 (2)管井结构施工至分段上部楼层后,在分段上部楼层架设电动卷扬机,采用立管倒装施工。 (3)同管井内立管在一次倒装流程中一次施工到位,减小结构施工、分散吊运管材对管井施工的影响
5	伸缩吊装平台应用技术	(1)采用CNG42成套伸缩式卸料平台,现场组装快,承载能力强,适用于尺寸较大、较重,无法用施工电梯运输的设备和物料。 (2)边长2m以上风管采用工厂预制成分片状态,专用运输架(箱)多片成叠整箱运输,配合伸缩式卸料平台进行吊装。每箱装运量大,保护周密,能减少塔吊的吊次。 (3)管道采用专用吊装笼箱,使用塔吊和伸缩卸料平台结合的办法吊运,可减小占用塔吊时间,减少管道连接焊接量,缩短安装时间
6	物流管理技术	(1)利用BIM技术对系统进行分解,对系统中的成品、半成品、材料进行批次编号,编制物料计划时使用统一的编号。 (2)现场、加工厂、物料供应商按物料计划对物料签贴电子标签。 (3)现场采用统一物流管理模式,组织物料在现场的转移吊运,可确保物料能顺畅、准确到达作业层。减少物料运输过程,特别是现场狭小可能产生阻滞时间。 (4)利用RFID技术,可较好监控、跟踪物料运送过程,可统筹调配、调整作业面、作业顺序,减小突发物料供应不及时情况对进度的影响
7	细化专业班组平行施工技术	(1)根据不同专业各分项具体的施工操作流程和工艺、工种需求。细分不同的班组要求。 (2)根据细分的不同班组要求,利用工程体量大、作业面广的特点,安排不同的专业班组连续施工。如管井立管倒装对焊工要求高,组织管井立管班组使其连续作业,可保证作业质量和速度均较好。 (3)利用深化设计和BIM技术,精确确定各专业小班组间的接驳要求,保证班组间的协调配合。实现工艺要求顺序上流水施工,不同作业面间平行施工的施工组织方法。 (4)通过细分专业班组和作业面统筹调配,保证连续的方法,提高作业质量的同时,可加快施工速度,加大班组数量,即劳动力投入量。从而满足加快进度、缩短工期要求,应对其他专业对机电的进度影响

序号	措施	对工期的影响
8	机房、设备层、管井提前施工技术	(1)与业主、总承包积极沟通,确定机电优先的思路。 (2)加快深化设计和BIM工作,报审通过机电机房、设备层、管井、管廊等机电设备和管道密集区域的深化设计图纸。 (3)根据总进度计划安排,提前向总承包单位报送机房、设备层、管井等需优先挺入机电施工区域的移交计划和施工条件要求。 (4)加强与总承包、设备商的沟通,优先安排机房、设备层、管井的建筑结构施工和设备供货,提前安排机电施工的插入
9	调试工作前移技术	(1)利用深化设计技术,提前进行空调系统水力平衡和风量平衡计算,预设阀门开度。 (2)在系统安装形成过程中,除完成验收规范、技术要求中规定的测验、试验外,加强对系统中拼装的管道、管线参数的监测,如水管风管的延程阻力、风管的漏风量等。 (3)调试时,将深化设计时设定的参数和现场实施后实测参数比较,并据此合理编制调试方案和计划。调试时,做到步骤清楚、针对性强,且有量化调整参数。缩短调试时间,提高调试效率和系统能效系数

2. 资源保障措施

总工期保证资源措施见表 2.4-7。

总工期保证资源措施 表 2.4-7

序号	内容	保证措施
1	人员保证	(1)选择有类似工程管理经验的骨干组成平安国际金融中心机电管理部,保证机电总承包管理人员均按业主要求具有相关经验,确保从项目经理至每一个工程师都能够胜任自己的岗位。 (2)在管理团队组织构架设置方面,响应招标文件要求,并结合工程特点以及管理过程的需要按职能不同设置分职能部门的管理团队,按不同专业分专业职责的管理团队,根据不同阶段的专业工程不同设置专业管理团队,并要考虑根据工程区域划分区段管理团队。 (3)选择长期合作的劳务公司,此类劳务公司是全国具有相当强的实力的劳务公司,能够保证劳动力数量充足,而且已经达到全国性的规模,在本市当地劳动力不足时可以全国调动劳动力资源,保证项目劳动资源的充足,同时还具有相应企业资质,信誉良好,具有良好的质量,安全意识,较高的技术等级,有类似工程施工经验。 (4)在专业分包单位进场前,事先考察其劳动力资源状况,确保选定的专业分包单位拥有充足的劳动力资源,保证工程进度,同时要求专业分包单位的劳动力素质高,重安全、重质量
2	机械保证	(1)编制配合分段招标的机械进场计划,对机械设备从招标到退场实行全过程监控,保证机械设备准时进场,施工过程中能够做到及时维修,定期保养,保证施工过程的流畅,在完成施工任务后及时撤出场地。 (2)在不同阶段,按不同区域成立由不同人员组成的机械管理团队,保证机械的正常运作及出现故障时的及时维修。 (3)要求专业分包单位编制相应的设备进场计划,并督促其设备及时进场,督促其按照机电总包的要求维护保养设备
3	物资保证	(1)建筑机电材料市场拥有集团采购优势,工程将在已有的完善的物资分供网络及大批重合同、守信用、有实力的物资分供商,确保项目物资材料供应的优先。 (2)对工程材料及设备,采取从招标到退场或使用的全过程分环节控制,保证材料的及时供应,保证材料质量,以确保施工质量及施工安全。 (3)编制资源需用计划。对使用的物资材料编制详尽总需求计划、月计划、周计划,并及时根据现场情况修正计划,对计划作出合理优化调整,及时准备,保证按时进场,满足施工需要

序号	内容	保证措施
3	物资保证	(4)项目试验员对进场的物资材料及时取样送检,并将检测结果及时呈报监理工程师,确保不因物资材料的质量问题延误施工。 (5)根据总体进度计划,要求专业分包单位编制相应的物资材料进场计划,督促其主要物资材料及时进场
4	技术保证	(1)在工程项目实施中秉承"技术先行"的理念。对工程拟聘请专家组成顾问团对项目的科技攻关进行策划、立项,解决技术难题,项目施工期间在公司层面成立针对项目的专家团,为项目提供技术及管理支持。 (2)组织科技攻关,开展对 BIM 技术、机电综合深化设计技术、VAV 调试技术和水力平衡调试等方面的技术研究,并将在本工程中全面应用,确保深化设计图纸能尽早、尽快编制,为保证工期提供技术支持。 (3)从中标开始起对工程提出的特殊要求制定工艺文件并进行工艺评定,确保加工进度和产品质量。 (4)采用物流管理技术,统筹调配现场材料和设备。提前做好运输准备,确保材料设备如期进场;合理安排材料设备的进场顺序,避免堆积,减少二次倒运
5	资金保证	(1)具备良好的资信等级,资金状况良好,针对工程一旦中标,立即投入启动资金,保证项目顺利启动。 (2)对用于工程的资金,将单列专项账户,做到专款专用。 (3)制定资金使用制度,确保不因资金周转不灵而延误施工进度
6	管理保证	(1)建立完善的计划保证体系,形成不同阶段的安全文明施工方案,搭建实施性强的质量保证框架,按照 PDCA 循环切实保证工程进度按照计划进行,保证工程质量得到严格有效的控制,保证施工安全。 (2)对进度计划、现场工程安全文明施工、质量保证等实施奖罚制度。 (3)建立完善的成品保护制度,同时统一协调分包单位的成品保护工作,避免因为成品保护不当而造成返工,影响工期。 (4)根据施工阶段的不同分别进行现场平面布置设计,保证平面管理秩序井然,避免因为平面管理的失当而导致工效的降低。 (5)制定严格的卫生管理制度,避免出现因管理不当、检查不严引起的卫生事件。生活物资供应及时,最大限度保证工期不受气候影响,准点保质保量为工人提供饮食、茶水,对晚上加班的人员另行安排夜宵,以提高作业工人的工作效率
7	对内对外关系保证	(1)加强与业主、设计、监理、总承包单位的沟通交流,保证工作顺利进行。 (2)加强与当地质监站、安监站等相关机构沟通交流,保证质量、安全监督工作的顺利展开。 (3)加强社会公共关系协调,与当地政府部门、施工所属区城管、周边居民及居委会等协调好关系,为施工的正常进行创造优越的外部环境

2.4.5 分节点工期保证措施

对总工期进行分解,保证总工期的情况下先满足阶段计划。节点工期保证措施见表 2.4-8。

节点工期保证措施 表 2.4-8

序号	节点名称	保证措施
1	塔楼低区通水通电	(1)按"机电优先"的原则,土建施工时优先施工机房、设备层、竖向管道井,尽早移交机房给机电安装专业进行施工。 (2)细分施工段,采用多专业多作业面并行施工组织方式,加快机电施工速度。

序号	节点名称	保证措施
1	塔楼低区通水通电	(3)提前策划好详细的验收及工作面交接计划,确保机电施工与土建、电梯、装修等各专业之间实现无缝对接。 (4)提前与市政供水、供电、电话网络管理部门接洽,协助业主办理外部能源、信息源的接入。 (5)设置电动卷扬机,采用竖向管道井内管道倒装施工。 (6)详细划分系统分界,确保提前投入使用部位的系统运行范围能分开调试、独立运行
2	塔楼高区通水通电	(1)按"机电优先"的原则,土建施工时优先施工机房、设备层、竖向管道井,尽早移交机房给机电安装专业进行施工。 (2)细分施工段,采用多专业多作业面并行施工组织方式,加快机电施工速度。 (3)提前策划好详细的验收及工作面交接计划,确保机电施工与土建、电梯、装修等各专业之间实现无缝对接。 (4)提前与市政供水、供电、电话网络管理部门接洽,协助业主办理外部能源、信息源的接入。 (5)设置电动卷扬机,采用竖向管道井内管道倒装施工。 (6)高层区域采用分段调试,按系统逐层逐段并入低区系统,确保水、电系统能逐步受控并入已运行的低区系统中,完成全系统完整并网。保障系统安全、可靠、受控地运行
3	工程整体完工通过验收	(1)提前策划好机电各专业的调试和试运行方案。 (2)配合主体结构分段验收的方式,提前机电施工工作,实现各后续工作的及时插入施工,同步完工。 (3)提前策划好各项专项验收计划,留出足够的时间实施验收工作

2.5 信息协同管理平台

2.5.1 应用背景

目前国内工程建设行业信息协同管理仍处于效率不高的阶段,针对 600 米级的超高层建筑,传统信息流转平台的短板越来越成为制约整体水平的提高和产业升级的制约因素。

1. 信息共享性差

传统模式的信息流转主要通过文本、图纸、记录文件的信息表述形式,收发文、会议面对面沟通的信息交换、流转的渠道。这种单一的点对点的方式进行,信息流转时间长,对方参与的信息共享性较差。超高层建筑施工参与方较多,而且项目的建设本是一个集群合作、同步推进的过程,各参与方之间的关联影响程度越深,因此各方的信息共享性值得关注。

为解决信息共享性差的问题,需要一个项目层级针对性、适用性强的项目层级共享性平台,兼有实时存储、移动读取、云同步的特性。

2. BIM 协同不足

目前 BIM 应用主要还处于各系统各专业各自主导用于演示方面,最终要形成一个项目的整体建筑的建筑信息,还需要一个 BIM 集成的过程,再加上协同过程中一些系统的更新，就会出现集成滞后的情况，导致整个项目的 BIM 协同性、一致性不足。

BIM 作为建筑信息化的工具，应更注重的是信息的协同、集成，各系统的相互依赖，协同性也是综合 BIM 技术高效应用的必需。

3. BIM 信息化尚未能与管理信息化集成

机电总承包管理的工程实施模式在超高层建筑的应用中，面对体量大、参与单位多、工艺技术复杂、价值工程要求高等要求，必然对信息化协作管理和效率提出更高的需求，而 BIM 作为一种信息化的工具对于这方面的作用是较为明显的。然而目前 BIM 应用的数据与管理信息平台在项目层级未能得到一体化统筹，还未能形成信息互通、信息交互和信息集成。

机电总承包管理模式促进着一种基于 BIM 信息的管理平台的产生，施工项目层级 BIM 统筹组织，保障综合 BIM 技术能真正全面应用，让 BIM 共享信息数据发挥出它的价值，从而提升项目施工技术水平和管理水平。

2.5.2 平台搭建要点

1. 信息数据平台网络架构

信息数据平台主要部署文件服务器、数据库服务器、应用服务器等，同时根据不同角色使用不同客户端。部署架构如图 2.5-1 所示。

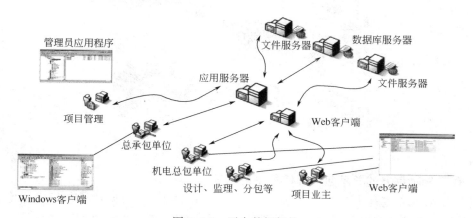

图 2.5-1 平台数据架构

信息平台存储模型、图纸、计划、商务、资料等信息于不同区块中，均采用编码体系保证信息数据的双向查询与定位，通过一种信息对应的编码，查阅到编码对应的所有业务种类的信息（图 2.5-2）。

2. BIM 协同平台构架

整合各专业分包 BIM 数据，实现实时协同作业，同时将各专业分包的深化设计、BIM 模型和机电总承包深化设计管理流程充分结合。通过 BIM 综合技术，整合进行各专业间碰撞与协调，反馈专业整合协调指导与意见，提前解决专业间配合的技术问题，专业协调碰撞后的模型纳入数据库，形成整合后模型数据库，提供给所有专业与参建单位，保证信息实时交互（图 2.5-3）。

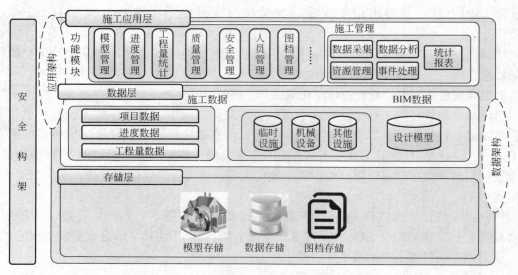

图 2.5-2　多板块信息数据架构的整合

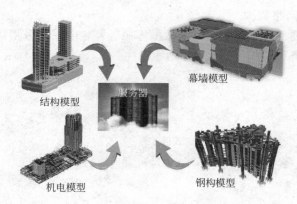

图 2.5-3　BIM 协同技术架构

3. 基于 BIM 信息的总承包管理信息平台构架

整合 BIM 与信息化办公系统，针对项目施工管理需要，根据总承包管理制度、组织和工作流程，对应总承包管理流程，设置信息数据和指令流转审批流程，对人员进行权限分配与流程位置定位，用软件方式映射出管理组织与工作流程模型（图 2.5-4）。最后形成一套适合、适用于项目具体管理工作的基于 BIM 的办公管理系统。

2.5.3　实现功能

1. 数据库信息共享

（1）项目文档数据共享

文档的储存与管理是信息平台最基本的功能之一，也是项目使用最频繁的平台功能之一。项目管理人员及各机电分包可将工程文档存储于平台上，使信息协同管理平台成为所有项目信息的统一来源。平台管理的数据库信息包括 3D 模型数据、图纸及变更数据、施工资料信息、生产及商务过程信息和设备及物资信息记录等。

56

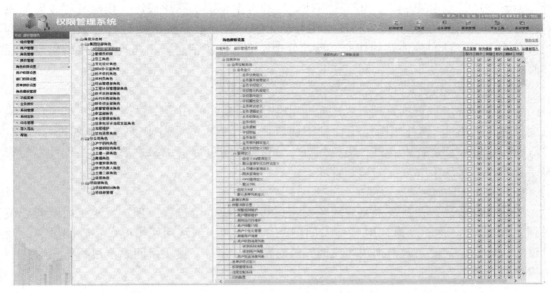

图 2.5-4　权限分配管理

　　文档数据的存储和调用可通过多方式进行，平台局域网、互联网、移动端等多网络互联互通，项目管理人员及分包单位、业主、设计院、监理可实现多渠道的信息共享。

　　（2）基于 BIM 应用的预制加工数据库

　　预制加工在超高层建筑的应用也越来越广泛，预制件的标准化是预制加工的第一步，其数据的准确性关系着预制加工的精度。因此，将预制加工构件的数据库，如管件、附件、阀门组件等加以存储共享，应用于 BIM 建模，用预制加工的标准进行建模，建模完成即预制加工图完成，预制加工的实施。

　　（3）移动式辅助施工指导数据库

　　BIM 模型、施工图纸和施工工艺是辅助施工指导的重大手段，将详细的深化设计图、实施方案、技术交底、穿插配合计划等施工指导性文件进行数据存储共享，移动设备客户端远程访问，方便快捷。

　　（4）物联网数据信息管理系统

　　物资信息存储于数据库，结合二维码等手段，进行物联网数据的有效分享，利于项目物资仓储化管理。

　　2. BIM 协同作业

　　BIM 信息协同平台最具优势的便是它的协同工作功能，机电各分包单位可以通过平台多人同时编辑同一文件。以 Autodesk Revit 软件为例，项目管理人员可以在平台上建立中心文件，从而所有人可在不同地点同时编辑 Revit 中心文件并同步。同时该平台可以实现对中心文件的详细历史记录、中心文件的版本控制、中心文件访问权限的控制。

　　3. BIM 综合信息化系统助力机电总承包管理能力

　　（1）机电总承包办公管理平台

　　机电总承包管理模式下，结合建筑 BIM 技术、OA 信息化办公的高效率，以及项目机电总承包模式下各参与单位在工程实施中的传统成熟的工作流程，集成流程管理、图纸管理、模型管理、变更管理等基础管理模块，实现方案模拟、深化设计、权限流程设置与跟踪、4D联动演示、工程资料编制及现场劳动力管理等功能，提供项目管理人员利用综合BIM信息平台，随时随地调阅获取、反馈处理所需的施工信息，用高效、精准的信息管理和服务手段，提高专业施工协同工作效率。

（2）基于BIM的5D计划管理平台

基于BIM的5D进度管理，采用轻量化BIM模型，使用进度管控模式，对项目实施进度管理，利用5D软件跟踪进度计划的前置后置计划资源，对未来进度计划进行预判，并对滞后进度计划进行人、材、机料分析，分析查找进度滞后的根本原因，实现计划与资源结合管控，实现资源进度的动态管理。

（3）基于BIM的质量管理平台

质量管理系统旨在在线上完成问题发起到问题解决的全过程管理，将施工质量问题关联到BIM模型，通过查看BIM模型及问题照片即可初步确认问题情况，实现问题产品及位置的快速确认，使问题得到快速反馈、及时解决，并对工程质量问题全过程记录，作为工程档案资料。

（4）基于BIM的安全管理平台

结合BIM技术进行安全交底，可以将施工现场中的容易发生危险的地方进行标识，告知现场人员在此处施工的过程中应该注意的问题，将安全施工方式方法进行展示，危险提前预防。基于BIM平台的现场安全管理实现了操作流程的规范，实现现场的精细化管理，确保工程施工的顺利进行，能够摆脱以往沟通不顺畅，信息闭塞的情况。使用BIM技术在三维模式下依据施工组织设计和施工工序的要求，对施工现场的物料进行三维布置，从而减少二次搬运。通过三维模拟出施工现场的场地布置，提出预防措施，在安全防护和安全警示的地方在模型中做好标记，提醒现场施工人员。

（5）基于BIM的劳务实名制、智慧工地、智慧运维管理系统

劳务实名制、智慧工地、智慧运维管理系统可与其他数据库或系统进行数据交换，通过标准的数据格式和通信协议，采用定时数据读取的方式，从系统服务器数据中读取相关信息，并由综合BIM信息平台自动生成资源管理记录和分析报表（曲线）等。

2.6 物料平衡管理

2.6.1 概述

本篇内容主要阐述600米级超高层机电安装工程在施工阶段物料配送的管理方法。超高层机电工程施工阶段物料配送普遍具有以下特点：

（1）运输总量大。项目机电材料种类复杂，尺寸、重量、型号繁多，运输总重量达万吨级。

（2）现场垂直运输设备单一。主要为塔吊、电梯、汽车吊。

（3）单次运输时间长。300m以上部位的物料单趟吊装运输时间在40～60min。

（4）现场垂直运输资源紧张。工程参建单位众多，机电工程与结构、建筑、幕墙、精装等单位垂直运输需求时间重叠，总包统筹协调提供运输时间有限。

（5）提前运营增加运输难度。往往存在低区提前运营，高区运输设备及通道受限。

针对以上600米级超高层机电工程物料配送过程中出现的问题，机电总承包单位将从物料配送管理组织、设备运力分析、运输需求计划、运输方式选择、周转场地布置等方面进行入手，压缩运力"刚需"、高效利用垂直运输资源，为现场施工生产做好物料资源保障。

2.6.2 物料配送均衡管理

1. 物料配送小组架构及职责

建立机电总承包物料配送均衡管理小组，设立专职负责人。小组由机电总承包计划管理部、物资管理部、协调管理部、工程管理部及机电各分包商物料配送管理员构成。

管理小组根据总控计划审核各专业分包物料运力需求，统一制订物料进场计划、运输计划、运输流程，明确小组成员物料管理职责和权限，对机电工程物料配送进行统筹协调。管理小组主要职责：

（1）掌握现场各阶段垂直运力资源动态。

（2）统筹机电总包及各专业分包物料运力需求。

（3）统筹制订材料设备进场计划、进场线路、运输方式、运输计划。

（4）物料配送运输效率监控。

（5）定期进行物料运输协调会，根据现场反馈施工及运输情况，动态修正运输计划。

2. 垂直运输设备运力分析

根据现场总平面布置，了解塔吊、施工电梯及正式电梯部署，包括塔吊荷载、覆盖半径，电梯运输尺寸、载重等，对各运输设备进行可行性运力分析，掌握各类设备机电总承包各阶段可利用时间，见表2.6-1、表2.6-2。

（1#）塔吊单次运输时间样表　　　　　　　表2.6-1

标高区段	一吊次所需时间分配（min）						一吊次所需总时间（min）	平均时间（min）
	绑扎	起钩	回转	就位	松钩	落钩		
100m 以下								
100～200m								
200～300m								
300～400m								
400～500m								
500～600m								
600m 以上								

（1#）电梯单次运输时间样表　　　　　　　　　表 2.6-2

标高区段	一运次所需时间分配（min）					一吊次所需总时间（min）	平均时间（min）
	运入（满梯估算）	一次运输	转运	二次运输	运出		
100m 以下							
100～200m							
200～300m							
300～400m							
400～500m							
500～600m							
600m 以上							

注：电梯运输需根据电梯布置设定，确定转运次数，制定表格。

3. 编制物料运力需求计划

机电各专业分包需详细统计各区域材料清单，根据运力方式不同，分类提交各区域运力需求计划。机电总承包单位以总控计划为依据，结合总承包单位运力分配，审核各分包需求计划，编制机电总承包物料运力需求总计划，并做好计划动态修正及管理台账，见表2.6-3～表2.6-5。

各分区暖通专业材料清单样表　　　　　　　　　表 2.6-3

楼层	设备名称	单位	数量	单件重量（kg）
1～9 层	新风机组	台	62	465
	排烟风机	台	26	250
	排风机	台	73	220
	空气处理机组	台	28	2500
	加压送风机	台	11	50
	风盘	台	164	25
10 层设备层	膨胀水箱	台	1	50
	……			
……				
113 层设备层				
114 层避难层				
115～118 层	排风机	台	73	220
	风盘	台	40	10
	……			

物料运力需求计划样表 表 2.6-4

序号	物资名称	单位	数量	进场时间	运输方式 塔吊	运输方式 电梯	运输时间 日期	运输时间 需求时间	安装部位	配合条件	备注
1	AHU 空调机组	台	2	已进场		●	2015-2-5	8h	L44 层	电梯	组合安装
2	AHU 空调机组	台	2	已进场		●	2015-2-6	8h	L45 层	电梯	组合安装
3	AHU 空调机组	台	2	已进场		●	2015-2-7	8h	L46 层	电梯	组合安装
4	AHU 空调机组	台	2	已进场		●	2015-2-8	8h	L47 层	电梯	组合安装
5	AHU 空调机组	台	2	已进场		●	2015-2-9	8h	L48 层	电梯	组合安装
6	AHU 空调机组	台	2	已进场	◆		2015-2-5	5h	L80 层	塔吊	吊装
7	AHU 空调机组	台	2	已进场	◆				L83 层	塔吊	吊装
8	AHU 空调机组	台	2	已进场	◆		2015-2-6	5h	L89 层	塔吊	吊装
9	AHU 空调机组	台	2	已进场	◆				L90 层	塔吊	吊装
10	AHU 空调机组	台	2	已进场	◆		2015-2-8	5h	L93 层	塔吊	吊装
11	AHU 空调机组	台	2	已进场	◆				L96 层	塔吊	吊装
12	AHU 空调机组	台	2	2015-2-6	◆		2015-2-10	5h	L99 层	塔吊	吊装
13	AHU 空调机组	台	2	2015-2-6	◆				L100 层	塔吊	吊装
14	AHU 空调机组	台	2	2015-2-6	◆		2015-2-12	5h	L101 层	塔吊	吊装
15	AHU 空调机组	台	2	2015-2-8	◆				L102 层	塔吊	吊装
16	AHU 空调机组	台	2	2015-2-8	◆		2015-2-14	5h	L103 层	塔吊	吊装
17	AHU 空调机组	台	2	2015-2-8	◆				L104 层	塔吊	吊装
18	新风/热回收空调机组	台	4	已进场		●	2015-2-11、12	6h×2	L10 层	电梯	组合安装

物料运力管理台账样表 表 2.6-5

名称： 空调自营物料运力管理台账

时间	需运输材料	申请使用电梯	所需时间	申请人	是否批准电梯	电梯使用时间	备注
2015.3.20	风管薄钢板、消声器、风管辅材	低区电梯	10h	盖佳炜	是(6#东)	24：00-6：00、11：30-13：30	电梯使用时间 8h(低区)
	风管薄钢板、保温辅材、套管、防护栏杆	高区电梯	10h		否		
2015.3.21	风管薄钢板、风管辅材	低区电梯	10h	盖佳炜	是(6#西、5#东)	11：30-13：30、17：00-19：00、11：30-13：00	电梯使用时间低区 5.5h，高区 13.5h

4. 物料配送方式选择与优化

通过现场运输设施配置与机电工程物料配送运力需求实际比较，现场总承包配置的运力设备往往无法满足超高层建筑机电工程物料配送需求。场外物流仓储式运输和场内成捆打包吊运结合，塔吊、电梯运输方式有机切换，精准高效的利用有限的垂直运输资源是机电总承包做好物料配送均衡管理的关键。

600 米级超高层机电工程物料配送主要采用以下配送方式：

（1）物流仓储式运输

为了解决超高层建筑物料配送难题，提高超高层物料的运输效率和精准定位，项目可建立 RFID 无线射频技术的物流管理系统。通过采用该系统，物料配送小组根据施工现场物料需求计划，合理安排物资的进场、验收和吊装运输。

1）RFID 系统工作原理图如图 2.6-1 所示。上位机发送指令使读写器工作，读写器通过天线发送射频信号，电子标签接收到射频信号后，转化为电流，供芯片工作，读出内部所储存的数据，经调制后发送出去；天线接收标签反馈的信息并送至读写器，经解调后还原出标签数据，发送给上位机进行处理。

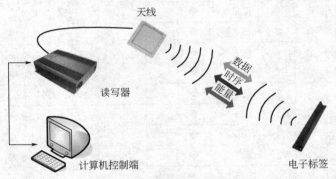

图 2.6-1　RFID 系统工作原理图

2）物流管理系统的设备：RFID 电子标签，固定式读写器 Reader/天线，传感器系统，过程控制器，指示灯，报警器，指示面板（指示物料信息等），其实物图如图 2.6-2 所示。

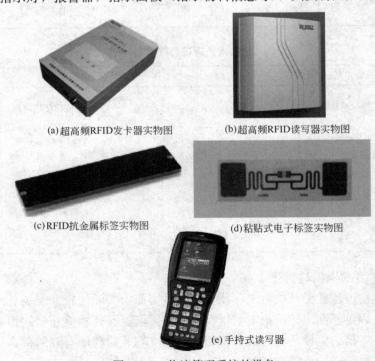

图 2.6-2　物流管理系统的设备

对加工完成的半成品和设备按照系统及规格分类编号并进行粘贴电子标签，利用电子标签发卡器对各标签的信息进行初始化，标签所对应的信息应包括：物料名称、型号、安装位置、运输方式、运输时间、安装时间等参数。

3）物流管理系统的流程如图 2.6-3 所示。

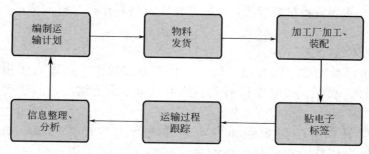

图 2.6-3　物流管理系统的流程

通过 RFID 技术，所有物料都有一个唯一的 ID 号码，无法修改和仿造。电子标签可唯一地标识商品，可以在整个运输过程中跟踪物料，实时地掌握物料处于运输过程的哪个环节。同时，RFID 可以动态地识别高速运动物体并可同时识别多个电子标签，识别距离较大，能适应恶劣环境。

4）读写器设置区域在以下位置：

① 场外加工厂的出口，对加工完成的物料进行电子标记，并将信息传回后台物流管理系统进行跟踪。

② 施工现场的大门，对到达现场的物料进行跟踪、监管。

③ 各物料转运层的卸料平台和施工电梯的出口，对到达转运层的物料进行跟踪，并将信息传回后台的物流管理系统的软件，管理人员坐在电脑前就可监视物料的运输动态和运输环节。

物料在运输到指定位置并安装后，管理人员通过手持读写器进行识别，将已经安装到位的物料信息传回后台物流管理系统，这时，电子标签可以取下，进行信息清除，并重新循环利用。

5）通过 RFID 物流管理系统提高了工程物料高空输配效率，缓解了施工现场物料临时材料堆放场地紧张的局面：

① 管理人员可实时掌握库存物资的进出状况，实现信息透明的物流管理方式。

② 无需实施传统的盘点工作，从而减少物资的积压，便于物料的运输、安装工作。

③ 解决了人工统计易出现人为差错和信息交流不及时的传统管理模式。

④ 减少了人工统计的工作量，提高作业效率。

⑤ 可以清楚的掌握整个现场的物料安装动态，减少了物料的分类分拣工作，避免了材料的浪费和丢失。

（2）物料分批按需进场

根据物流管理系统中设备和材料的进场计划及完成时间，合理组织设备和半成品物料的进场并事先计划好垂直运输的时间和方式。

1）主要材料、设备在施工前 10d 左右进场，施工过程中根据仓库或堆放场地情况分批进场，减少现场场地堆放压力。

2）监督材料的到场时间，物料到场后立即进行质量的检验工作，便于明确吊装时间安排。

3）对大型、重要设备材料管控，全面掌握设备材料排产、物流情况，使设备材料全过程受控。

（3）自制吊笼结合塔吊吊运

为减少塔吊吊装次数，提高吊装效率，在实施过程中，制作大体积吊笼，通过吊笼对半成品风管、水管、线管等材料成捆打包吊运至指定楼层，然后运输至相应部位及楼层。

经采用力学计算并经过迈达斯专业软件进行力学计算复核，如图 2.6-4～图 2.6-6 所示，内力计算结果、强度及刚度验算结果、跨中挠度相对值均在允许值范围内。

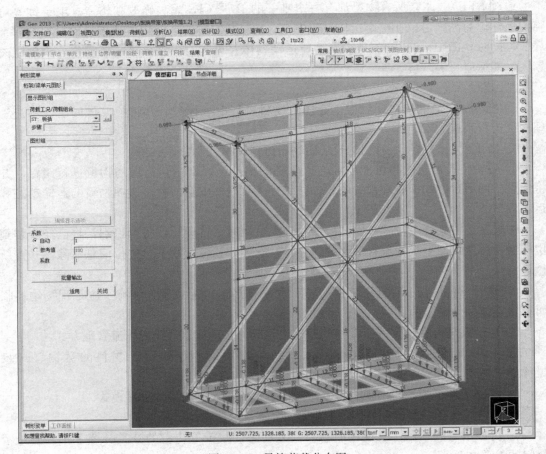

图 2.6-4　吊笼荷载分布图

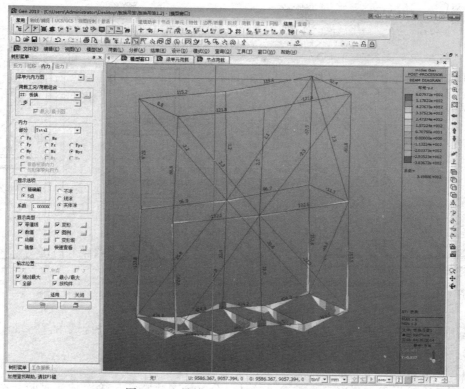

图 2.6-5 吊笼（迈达斯）内应力模拟图

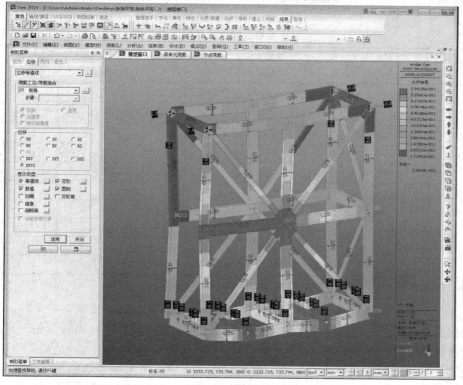

图 2.6-6 吊笼（迈达斯）变形位移图

通用吊笼尺寸如图 2.6-7 所示。

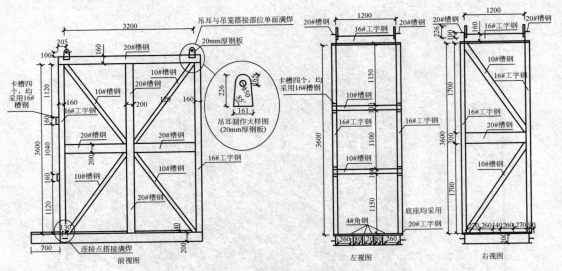

图 2.6-7　通用吊笼尺寸图

通用吊笼加工完成后，现场需按照审批通过的专项方案组织进行试吊，待现场各方确定试吊实施成功后，方可进行常态化吊运。

（4）运输方式动态调整

根据各区域设备和材料运力需求，统计各分区主要物料的运输次数和时间，选择适合的运输方式。各分区设备的所需运输次数和时间见表 2.6-6。

分区设备运输次数和时间表　　　　　　表 2.6-6

楼层	设备名称	单位	数量	单件重量（kg）	运输工具	运输次数	单次运输时间（min）	总时间（min）	备注
1~9 层	新风机组	台	62	465	汽车吊	62	12	714	
	排烟风机	台	26	250	汽车吊	26	12	300	
	……								
10 层设备层									
	……								
113 层设备层									
114 层避难层									
115~118 层	膨胀水箱	台	1	50	电梯	1	13	13	散件
	……								
小计：									

注：1. 设备单次运输时间为在无外界条件影响下的运输时间，且为运输的平均时间。
　　2. 设备运输方式根据现场实际条件可以进行调整。

根据上述计算，绘制物料的运输次数和所需时间的整体现状图，如图 2.6-8 所示，在给予运输时间及运输可行前提下，调整运输方式，减少单种运输方式压力，达到运输平衡。

设备的垂直运输工具使用汽车吊、塔吊和施工电梯，考虑减少塔吊的吊次，裙楼区的设备大部分采用汽车吊垂直运输，小型设备采用施工电梯运输。

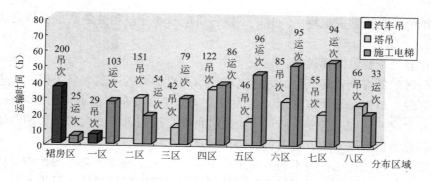

图 2.6-8　塔楼各分区设备运输所需时间图表

2.7　安全管理

2.7.1　施工安全管理重难点分析

600 米级超高层建筑机电安全管理中有以下几个突出的重点和难点：

（1）600 米级超高层建筑机电工程施工由于工程体量大，设备及管道吊装量大。

（2）因系统复杂，通常设备重量较大，体型超大，安装难度大。

（3）参建单位多、人员流量大，组织协调难度大，安全管理风险相对较高。

（4）600 米级超高层建筑通常根据系统设备层的设置划分为近 10 个垂直施工区段，施工高峰期中施工作业分散，危险源分布离散且交错复杂，导致风险叠加，因而管控难度大。

（5）由于其高度上的特点，需要在常规安全文明施工管理基础上采取更具有针对性的管理方法和手段，确保施工过程中安全及文明施工管理活动受控，以人为本，杜绝重伤，死亡等安全事故的发生。

本节针对 600 米级的建筑机电施工安全特性的解决措施，重点关注在安全管理组织架构、消防安全、临电管理、吊装安全、大风天气安全管理、高峰期施工人员垂直运输安全管理、安全设施防护和文明施工垃圾清运、信息管理、劳务安全培训及标准化管理八个方面的焦点问题。

2.7.2　安全管理组织架构

在充分了解和学习吸取国内外超高层机电项目安全管理经验中，结合 600 米级超高层建筑项目施工特点进行安全风险辨识并建立清单，针对风险源制定科学合理的管理方案和措施，借助于现代网络信息科技和先进安全的工器具和工艺，不断创新管理，以安全标准化、信息化为导向，以实现全过程更科学、严格、便捷和人性化的动态管理。

安全策划中，由于专业分包多，建立科学合理的安全文明施工管理组织架构尤为重要。相对于一般项目而言，超高层项目机电总包安全管理架构管理层级多，如平安金融中心 118 层 600m 高项目分四级管理架构，分为机电总包—专业分包—施工队伍—施工班组四级管理架构，这四级管理架构是相互独立而又是有机一体的。作为机电总包单位，该架构对上不但要契合土建总承包的安全管理模式的有效对接，对下又要结合机电总包单位统筹各分包单位的二级管理架构。同时，下辖各机电专业分包和劳务队也要建立相应的安全管理架构。

在这里有三个要点需要做到：

（1）分区配备安全管理人员。因超高层建筑垂直运力的限制，且手机、对讲机通信不畅，安全管理人员需要分片区管理。各区域安全管理人员在自己负责的区域内进行巡检、监督、召开会议。同理，各专业分包安全人员负责自己施工范围内安全管理活动，并服从机电总包、总承包区域安全管理人员的协调管理。

（2）充分利用现代通信技术提升安全管理水平。一方面要建立不同架构等级的网络信息共享沟通平台，能准确及时反馈信息和处理问题。借助现代通信工具提升管理效率。另一方面，搭设必要的现场通信基础设施，帮助实现通信的覆盖，搭建视频监控设施，以实时视频监督代替低效巡视，可大大提升管理效率。

（3）跨部门信息共享与管理协调。依据工程部门的施工任务安排，部署安全管理工作，关注高危作业实施重点管控，结合一线实时动态信息精准巡检。同时，安全信息及时整理并分发至相关部门。

2.7.3 消防安全管理

目前国内消防云梯最高可达 101m，而一般的超高层建筑超过 100m 时只能靠临时消防设施自救，因此施工临时消防措施的可靠性尤为重要。且在幕墙封闭后发生火灾将引发烟囱效应，灾害破坏性极大。需要加强以下几个方面的管理措施：

（1）加强动火作业的管理力度，严格落实开动火证及动火登记和旁站看火制度。

（2）联合土建总包单位和分包单位成立消防巡逻队并配备对讲机，分区对所有的动火点进行全天流动巡查，发现问题立即处理。

（3）统一对易燃易爆危险品实行进场及存放登记备案管理，对存放场所明显标识并进行安全分割派专人看守。

（4）在楼内分层设置临时卫生间和集中吸烟区，并配备灭火器。指定专人定期巡检。

（5）在规定区域张贴消防应急疏散通道标识及临时消防设施布置图。

（6）临时消防管道立管优先布置在楼梯间内，接水点靠近楼梯间，以便在管道发生漏水时通过楼梯间快速泄水，避免电梯和配电设备遭到破坏，减小损失。

2.7.4 施工临时用电安全管理

在超高层建筑施工中，临时用电通常由总承包单位管理，各专业分包在二级配电箱上向下接驳三级箱。由于楼层和施工单位较多，二级配电箱负荷和接驳端子在高峰期不够用，造成不同施工队伍争抢二级箱的现象比较严重，加上负荷不足或接线错误故障会经常引起跳闸停电，一旦发生施工停电，需要多名电工排查较长的时间，给施工和安全用电管理带来很大困难，为了解决这些难题，采取以下两方面的措施处理：

（1）机电总包密切配合土建总承包单位统筹下辖的各专业分包组建临时用电电工班组，每家指派一名电工纳入临电管理班组统一由总包进行管理，按区域分工进行巡检维护登记管理，各楼层张贴区域电工电话，这样能有效解决违章用电和故障停电问题。

（2）统一三级配电箱配置标准和标识，需经临电安全管理部门验收合格通过后方能进场使用，杜绝不合格配电箱进场。

2.7.5 吊装安全管理

超高层建筑地上地下大型机电设备和管道较多，吊装作业任务繁重，危险性高，高空吊装作业因天气、大风及高空环境，受限于通信信号弱和垂直运力紧张等困难影响，有别于一般项目，以下几个方面需要注意：

（1）地下大型设备（如冷水机组）要提前做好设备吊装运输方案和安全措施，选用安全合理的吊装设备和吊装机具，预先进行 BIM 模拟，与土建总包单位提前沟通对吊装口进行就近预留，对运输路线进行实地查看。

（2）对于使用塔吊高空吊装作业，由于吊装量大，需建立专业的吊装作业班组，人员固定，分工明确，由经验丰富的技术工人和专业工程师组成。统筹各机电专业吊装量和所需时间，统一由专业的吊装作业班组进行吊装，杜绝不专业人员进行吊装的安全风险。

（3）超高层吊装作业，高空风力大，在南方天气和风向又多变，受垂直运力紧张和时间、周转存放场地紧迫等多因素影响，很多吊装作业需在天气不好和夜间吊装，吊装过程中当超过一定高度时，受云层影响会形成"隔山吊"，即在地面看不到高空中的吊装设备和材料情况，需要在楼层的中间和高处安排专业人员进行通信指挥，以防风力作用导致管道旋转方向碰撞到楼层周边的安全防护造成坠落事故。

（4）对于机电大型设备需要整体吊装（如板换、空调机组等）的，需要特制吊笼施工。采用土建总包的吊装平台一般满足不了承重负荷和移动运输安全要求，特制加工的吊装平台笨重且安装及拆除都需要使用塔吊，要花费较多的时间，项目部采用自己发明的吊笼法施工，既安全可靠，又节约时间。

（5）对于冷却塔设置在楼层内的特殊情况，难度较大，吊装要采用特殊工法（如重心偏移工法）来确保安全吊装。

总之，高空吊装作业，风险极高，是机电专业施工安全管控的重点和难点，一定要做好施工前、中、后的充分准备工作和应急措施。

2.7.6 大风天气安全管理

（1）超高层作业在幕墙没有封闭的情况下，由于高空风大，楼层内的材料和管道要靠近核心筒摆放并采取固定措施，以防大风吹下材料造成伤害事故发生。

（2）建筑垃圾由于垂直运力紧张不能及时清运，要当日工完集中临时堆放在围护的指定区域，严禁分布在楼层周边。

（3）大风、台风时要停止高空吊装作业，当风速达到 10.8m/s（6 级以上）时，吊装作业必须停止。

2.7.7 高峰期施工人员垂直运输安全管理

（1）密切配合总承包单位，根据各队伍现场日常统计，统筹计算电梯运力和人流量，科学合理有序安排各单位施工人员进出现场时间段，以免造成拥挤和踩踏事故发生，尤其在首层和每个电梯停留的楼层，要安排管理人员维护上下电梯秩序，查看电梯踏板与楼层之间有无安全隐患。

（2）午餐期间以餐食配送措施化解人员运输安全风险。根据现场实际情况制定施工现场午餐管理办法，在规定楼层的集中区域设置用餐设施，安排专人统一管理、维持秩序和清理生活垃圾。制订配餐的运输计划，午餐期间优先保证餐食运力。

2.7.8 安全信息化管理

（1）安全及文明施工信息化管理工作，要向无纸化、简洁、方便快捷的方向发展，能够做到现场发现隐患问题、整改通知等用手机网络 APP 平台即时即地在平台处理，并在打印机终端打印纸质版处理后进行签字和保管，过程中的管理痕迹可供上级和政府安监部门检查。

（2）门禁与工人考勤信息的管理，目前项目门禁系统管理已经成熟，工人进入施工现场数量信息都能在工地大门口显示屏上显示，但那只能反映整体数量，不能对各专业队伍人数进行区分（现代软件技术是可以做到的，限于成本和不同条件并不要求每个队伍都要做到，现场装考勤机容易破坏或造成堵塞），有些施工队伍虚报工人数量，由于点多面广，管理人员在现场很难查清楚每个队伍的实际人数，在生活区查人数，有些队伍会提前临时找人充数，为解决这些问题，可以采用成熟的"钉钉软件"APP 考勤软件，要求所有人员手机装上该软件，在上班进入施工现场时进行钉钉网上自我考勤，下班时同样在工地上先进行自我考勤，每个人的具体位置、手机号码、考勤时间等信息会实时反馈在管理平台上，这些信息自动汇总，这样既有效解决了考勤问题，又能在发生劳资纠纷时提供证据。

2.7.9 安全教育培训与现场监督检查管理

（1）安全教育和培训要以思想教育和安全生产技术学习"双轮驱动"，不做教条式的空洞宣讲，只有思想上真正认识到了，行动上才会做到。教育要采用生动活泼的多种形式宣讲，鼓励互动，奖罚分明。

（2）现场要以"养成良好的安全生产习惯，杜绝事故发生"为目的，营造安全生产氛围。

（3）现场安全监督和检查主要从人的不安全行为和物的不安全状态两个方面加强管控。

2.8 commissioning 调试管理

2.8.1 commissioning 调试管理理念

对建筑机电设备工程的设计、施工及调试运行维保的三阶段实行全过程管理控制，实现机电系统智能化运营、维护简洁、高效、节能等高品质。

1. 设计阶段管理控制

组织各机电工程分包商和设备供应商对系统进行优化设计、对设备选型遵循节能运行的原则。即设备系统使用功能和运行管理设计与 BA 控制系统结合设计。设备的参数必须通过优化后的系统进行复核计算确定。

2. 施工阶段管理控制

全面管理并监督各机电分包商和设备供应商严格按照设计图施工和供货，施工工艺质量必须符合国家验收规范和施工合同技术要求。如在施工中与其他专业（建筑、结构、装饰）发生矛盾需要改变管线规格或走向时，必须根据修改后的数据对系统设备参数进行重新复核计算，如原选型设备参数不满足，则应更换设备或者重新调整变更管线规格或走向，使得系统满足使用功能和合同验收要求。

3. 调试试运行和维保阶段管理控制

（1）机电系统调试验收管理控制：按照施工合同技术要求及验收规范要求，由机电总包单位主持机电系统调试工作，组织协调各机电分包商和设备供应商完成单机调试、系统调试、机电系统联合调试，编制维保手册、完成对物管运维人员的设备运行管理技术培训；通过在维保期内对收集统计设备运行情况和能耗数据进行分析，编制机电系统节能运行方案和报告。

（2）消防系统调试验收管理控制：按照国家消防验收规范要求和施工合同技术要求由机电总包单位主持消防系统调试工作，组织协调各机电分包商和设备供应商完成单机调试、系统调试及消防系统联动调试，并配合业主完成消防系统验收取证。

① 成立调试指挥组，项目调试工作由机电总包项目组织各机电分包商和设备供应商进行实施。

② 制定调试目标、编制调试方案、制定调试例会制度。

③ 绘制调试图纸、编制调试记录表。

④ 编制调试设备仪器清单。

⑤ 制订调试计划、物管运维培训计划并实施。

⑥ 编制调试报告、维保手册、机电系统节能运行方案和报告。

commissioning 调试管理组织架构图如图 2.8-1 所示。

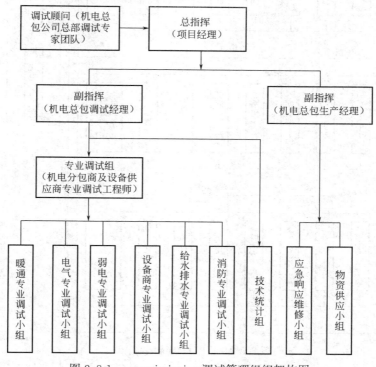

图 2.8-1　commissioning 调试管理组织架构图

2.8.2 调试控制流程

1. 机电系统调试流程

机电系统调试流程如图 2.8-2 所示。

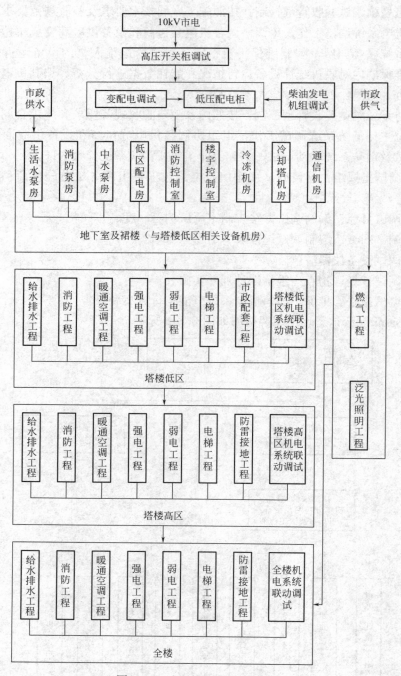

图 2.8-2 机电系统调试流程图

2. 调试工作质量控制流程

调试工作质量控制流程如图 2.8-3 所示。

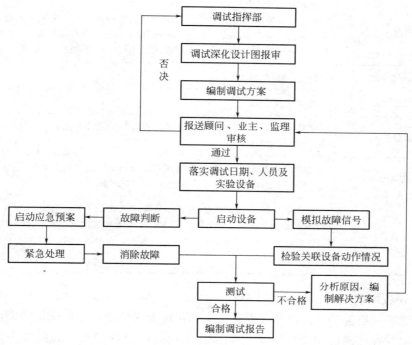

图 2.8-3　机电系统调试流程图

2.8.3　机电系统功能及品质实现过程的实施要点

系统的设备选型最优化，测量仪器精度满足验收要求，测量方法准确。

1. 设计阶段控制要点

设计设备及其参数确认表见表 2.8-1。

设备及其参数确认表　　　　　　　　　　　　　　　表 2.8-1

序号	设备名称	需要确认参数
1	风机	转速、风量、机外静压、机外噪声、进出口方向、风机效率
2	空调(新风)机组	转速、风量、机外静压、机外噪声、进出口方向、风机效率、冷热盘管迎面风速、冷热盘管水阻力、盘管工作压力、全热与显热负荷、热负荷、预热负荷、热转轮换热量、进出风温度、冷热水进出温度、冷凝因子
3	水泵	转速、流量、扬程、机外噪声、水泵效率、工作压力
4	板式换热器	换热面积、一二次侧进出水温度、接口管径、水阻力、工作压力
5	冷却塔	换热量、进出水温度、流量、噪声、风机风量及风压
6	制冷机组	制冷量、冷冻(却)水进出温度、接口管径、工作压力、冷凝(蒸发)器水阻力、COP 值

序号	设备名称	需要确认参数
7	消声器	消声量、消声器型号尺寸。 消声器分类:阻性消声器,用于对高频声音进行消声处理;抗性消声器,用于对中低频声音进行消声处理;阻抗复合消声器,用于对含高中频声音进行消声处理,一般用于风机出口总管段;微孔板消声器,用于对可听声音进行消声处理
8	平衡阀	流量、压差范围
9	电动调节阀	流量、压差范围
10	风机盘管	风量、机外静压、机外噪声、冷热盘管水阻力、盘管工作压力、冷(热)功率、进出风温度、冷热水进出温度
11	VAVBOX	风量、进风静压、机外噪声、设备风阻力、风机动力型的机外静压、热盘管水阻力、盘管工作压力、冷(热)功率、进出风温度、热水进出温度
12	开关柜	断路器型号(空气断路器、塑壳断路器、微型断路器)、分断能力、脱扣器类型(电子脱扣器、热磁脱扣器)、脱扣器额定电流 I_n、长延时整定电流 I_r、长延时跳闸延时 t_r、短延时整定电流 I_{sd}、短延时跳闸延时 t_{sd}、瞬时整定电流 I_i、接地故障脱扣电流 I_g、接地故障脱扣延时 t_g

2. 分区调试控制要点

超高层建筑一般会存在提前移交运营区,如裙楼提前开业,或低区部分写字楼提前移交运营等,这就存在提前移交区调试与高区施工同时进行的情况,因此要做好以下控制要点:

(1)调试区与施工区同时进行时,应根据各专业系统图设计系统分段隔离图,确保施工区与调试区互不干扰。

(2)通风空调专业分区调试平衡和全面平衡调试流程,如图2.8-4所示。

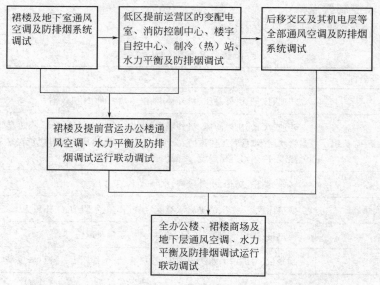

图 2.8-4 通风空调专业平衡调试流程图

（3）电气专业分区调试流程，如图 2.8-5 所示。

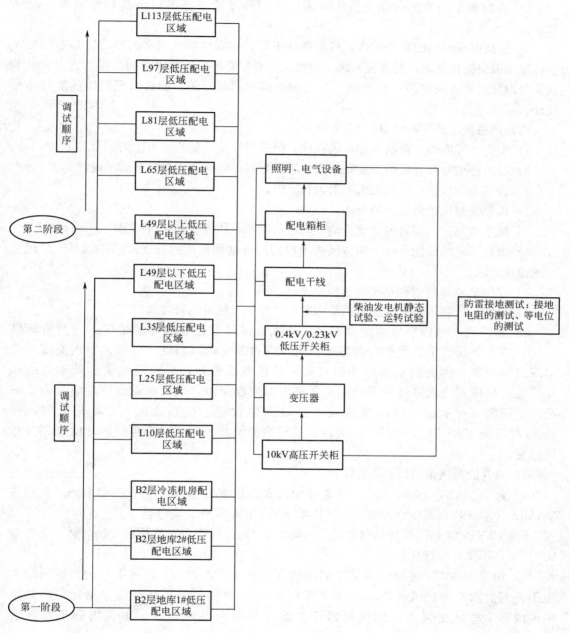

图 2.8-5　电气专业分区调试流程图

3. 暖通专业调试实施控制要点

（1）空调水系统实施要点

1）水力计算准确，包括管道、管件、附件及设备的阻力损失。

2）平衡阀及调节阀通过水力计算后选型。

3）连接设备前必须试压冲洗合格。

4）水力平衡调试过程对每个平衡阀进行流量和压差进行测试调整达到设计要求。

5）根据水泵的性能曲线调整水泵出口阀门开度控制进出口压差和流量满足设计要求。

6）超高层建筑物的制冷（热）机房在地下层，中高区的空调水的热传递是通过板式换热器逐级交换传递的，要保证末级空调水供水温度必须保证每级空调水供水温度和供水量符合设计要求，同时保证板换的一、二侧空调水温度对差、换热面积和传热系数满足设计。

（2）风系统实施控制要点

1）水力计算准确，包括风管、风管件、阀门附件及设备的阻力损失。

2）消声器型号和安装的位置必须通过声学计算，以保证系统噪声满足设计要求。

3）合理选择风速以降低系统的阻力和噪声。

4）风管的漏风量测试必须合格。

5）风平衡调试过程对各分支管调节阀进行调整，使支管和风口风量达到设计要求。

6）根据风机的性能曲线，调整风机出口阀门开度和系统的分支阀门控制系统总风量达到设计要求。

（3）VAV 变风量空调系统实施控制要点

1）系统的控制策略有定静压、静压重设及总风量法等运行方案。

2）系统的送风温度采用变温控制，即在气候气温比较偏低的情况下进行空调供冷时，或者负荷稳定后室内负荷较低时可以通过改变送风温度，以保证室内温度不会出现过冷现象。因为当负荷较小时，如果送风温度偏低，尽管送风量是处于最小风量，也会出现室内温度继续下降而低于室内温度设定值，从而感觉过冷现象。为了解决这个问题，对系统送风温度进行动态区间值设定。在系统进入自动运行时，每 5min 对系统 VAVBOX 的制冷需求数量进行检测统计，以调整冷水阀的开度来调节送风温度。

3）风管的漏风量测试必须合格。

4）每个 VAVBOX 箱一次进风支管和二次送风支管必须安装手动调节阀，且连接 VAVBOX 箱一次进风支管的直管长度不得小于 4 倍的风管当量直径。

5）VAVBOX 箱二次送风软管长度不得大于 2m，软管应自然伸展安装，转弯角度应大于 90°，不得有瘪弯现象。

6）每个 VAVBOX 箱的温度控制器应安装在该 VAVBOX 箱所服务的区域内，避免阳光照射和空调送风吹扫，安装高度宜在 1.2～1.5m 处；如安装在吊顶内应测量吊顶内和工作区的温差，即温控器设置温度为室内设计温度＋吊顶内和工作区的温差。

7）每个工作区的回风口的回风量与 VAVBOX 箱送风量比例符合设计要求。

8）室内工作区的正压值一般为 5～10Pa。

4．电气系统实施要点

（1）防雷接地和总接地极电阻测试、等电位接地电阻测试合格。

（2）在送电前母排、母线、电缆、矿物电缆、电线需要做绝缘电阻测试合格。

（3）在供电之前，高低压系统母排、母线必须做耐压检测合格，消防电源电线电缆必须采用耐火材料。

（4）两节母排搭接处的电阻值、电缆压头处、开关闭合触点处等搭接位置两侧的等微电阻值测试合格。

（5）供电系统漏电（RCD）测试合格。

（6）照明系统照度测试合格。

（7）开关柜及控制柜动作测试合格。

（8）备用电源系统各项测试调试合格。

（9）主电源和备用电源的电能质量分析测试调试合格。

（10）消防强切和双电源切换测试合格。

5. BA 控制系统控制要点

（1）系统为最优化，控制策略及逻辑明确。

（2）传感器测量精度、感应器和执行器灵敏度满足验收要求，通信信号线路不得与强电线路在同一桥架和管内安装，线管必须采用金属管。

（3）保证设备的电源电压、频率、温度、湿度是否与实际相符。

（4）调试环境、工业卫生要求（温度、湿度、防静电、电磁干扰等），应符合设备使用说明书规定；主控设备宜设置在防静电的场所内，现场控制设备和线路敷设应避开电磁干扰源、与干扰源线路垂直交叉或采取防干扰措施。

（5）系统接地良好，接地电阻符合验收要求。

（6）系统点对信号传输和反馈正确。

（7）数字量和模拟量的输入输出正确。

（8）系统动作反应时间满足要求。

（9）系统软件调试及控制软件逻辑控制测试正确。

（10）系统联动动作完全正确。

6. 消防系统控制要点

（1）消防系统的设计和产品必须符合国家消防验收规范要求。

（2）系统为最优化、控制策略逻辑明确。

（3）探测器、感应器和执行器灵敏度满足验收要求，通信信号线路不得与强电线路在同一桥架和管内安装，线管和桥架必须进行防火处理。

（4）保证设备的电源电压、频率、温度、湿度是否与实际相符。

（5）调试环境、工业卫生要求（温度、湿度、防静电、电磁干扰等），应符合设备使用说明书规定；主控设备宜设置在防静电的场所内，现场控制设备和线路敷设应避开电磁干扰源与干扰源线路垂直交叉或采取防干扰措施。

（6）系统接地良好，接地电阻符合验收要求。

（7）系统点对信号传输和反馈正确。

（8）模块信号输入输出正确。

（9）系统动作反应时间满足要求。

（10）系统软件调试及控制软件逻辑控制测试正确。

（11）系统联动动作完全正确。

消防系统调试流程图如图 2.8-6 所示。

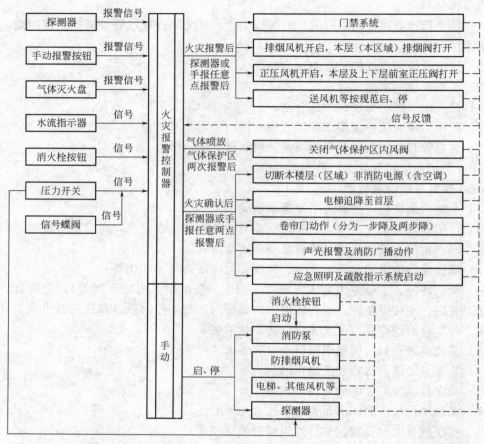

图 2.8-6　消防系统调试流程图

2.8.4　机电系统联合运行组织与程序

机电总包单位组织各机电分包商和设备商调试工程师进行机电系统联动运行，由业主组织监理公司、设计院及顾问公司对机电系统联合调试运行验收。

2.9　验收移交管理

工程验收组织策划能力与日益增长的建筑施工进度不匹配的矛盾日渐突出，项目验收周期长、整改返工量大成为普遍现象。有些项目在完工后长达半年、一年仍未通过验收，建筑物闲置，造成巨大资源浪费，部分项目违规使用，存在巨大隐患，一旦发生事故将造成巨大的经济损失，带来严重的负面社会影响。

2.9.1　工程验收内容

工程验收一般分为中间验收、专项验收和竣工验收三大内容。中间验收是由建设单位和监理单位对各分项、子分部工程、分部工程的质量验收，专项验收是由政府或行业相关主管部门参与，取得验收合格文件或准许使用文件的工程质量验收，而竣工验收则通常需要取得相关专项验收合格文件后，在质量监督部门人员参与下完成项目工程质量验收。工程验收内容见表 2.9-1。

工程验收内容表　　　　　　　　　　　　　　　　　　表 2.9-1

序号	验收分类	验收内容	参与验收人员
1	中间验收	隐蔽工程、各分部分项工程、基础工程、主体工程	建设单位、监理单位、施工单位、（设计单位）
2	专项验收	人防工程、供电进网及供配电工程、燃气工程、防雷工程、电梯工程、环保工程、室内空气检测、雨污自来水接驳、节能工程、无障碍工程、水箱水质检测、规划验收、消防工程	建设单位、监理单位、施工单位、政府或行业相关主管部门、（设计单位）
3	竣工验收	竣工预验收、竣工验收	建设单位、监理单位、施工单位、勘测单位、设计单位、质量监督部门

2.9.2　工程验收逻辑关系

（1）工程验收内容之间存在一定逻辑顺序，不同地域也有一定差别。中间验收是由验收内容的大小和施工顺序决定验收顺序，如先隐蔽验收、然后分项验收、子分部验收、分部验收、单位工程验收等，各分部之间可以同步验收。

（2）分项验收中，一般电梯验收在消防验收之前需完成，而竣工验收前需完成电梯验收、消防验收、防雷验收、节能验收、人防验收、室内空气检测、无障碍工程验收等专项验收后才能具备竣工验收条件。

（3）项目验收策划阶段，应仔细研究当地验收制度，梳理各验收内容的逻辑关系、验收内容以及验收内容主控项等。验收内容主控项应作为工程施工管理验收内容的重点。

2.9.3　超高层机电工程验收策划及组织

1. 机电总承包验收组织架构

超高层机电工程具有系统纵向分区、区域系统相对独立及垂直运力有限等固有特点。其特点决定验收管理具备区域平行管理条件，通过建立有效的工程验收组织架构，明确组织架构人员权责，通过共同约定的框架，保证信息通畅流通，资源有序调度，发挥组织的效率和作用，达到管理的目标。

常规项目由于机电系统无明确分区，多数采取整体验收方式，各项验收逐一进行。工程验收组织架构大多采用直线职能型组织架构，由项目负责人统筹逐一进行验收。超高层机电工程若采用此组织架构，逐一进行验收将极大延长验收周期，对工期不利。根据超高层机电工程特点，充分考虑平行推进专项验收情况，最大限度发挥管理优势，建立矩阵式组织架构。

矩阵式组织架构，横轴为分项验收小组由专业经理担任，纵向为专业施工项目部，验收总指挥长由机电总承包项目经理担任，总工程师任验收负责人，项目生产经理担任验收现场协调负责人，专业项目部根据策划要求配置验收参与人员，充分发挥专业管理优势。

基于组织架构设置的原则，制定机电总承包验收组织架构图，如图 2.9-1 所示。

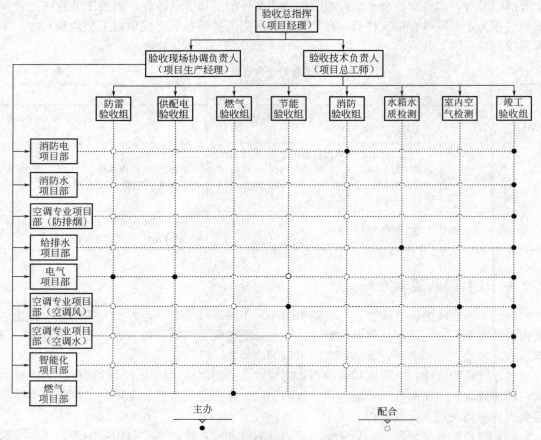

图 2.9-1 机电总承包验收组织架构图

组织架构各岗位职责见表 2.9-2。

组织架构各岗位职责表　　　　　　　　　　　表 2.9-2

序号	岗位	参与单位与人员	主要工作责任
1	验收总指挥	机电总承包项目经理	负责统筹验收工作
2	验收技术负责人	机电总包总工程师	负责验收方案制定,汇报资料及档案资料收集整理,指导检查验收重难点工作
3	验收现场协调负责人	机电总包项目生产经理	负责组织各专业项目部人员针对验收自检不合格项进行整改,验收内容完善,验收路线检查,参与验收人员督办
4	专业项目部	专业负责人及专业技术负责人	负责管理本专业施工、调试、报验资料、图纸收集整理,负责牵头完成涉及本专业主办内容

2. 工程验收策划

通过建立专项验收小组，编制工程验收策划书，明确验收组织涉及内容，如报验资料清单及计划、验收路线设置以及垂直运输安排、验收组织流程、陪检人员名单及分工。

（1）报验资料管理。报验资料清单应根据政府窗口要求，罗列具体内容、要求，明确责任单位，责任人员，完成时间，形成资料清单，并建立检查考核制度。

（2）验收现场准备。对照验收主控项目，选择相应楼层、部位、系统，通过清单式检查，制定检查行走路线。行走路线作为超高层项目，重点充分考虑运输电梯运力，匹配验收时间。

（3）验收会议管理。验收会议管理体现建设方及施工方对验收工作组织能力，会议管理应涵盖会议流程、会议资料编制、参会人员安排和现场布置等。

（4）验收人员管理。陪验人员是将机电系统展示给检查人员的重要媒介，陪验小组成员应具备相应的业务能力，并与政府或行业相关管理部门——对接，保证检查过程中能够对相应问题及时沟通协调。

3. 过程实施管理

高效通过验收的关键在于过程实施，确保验收的重点环节质量过关、记录充分，能够具备追溯条件，对于隐蔽工程应保留完整验收记录及影像资料，以备验收人员核查，减少后期破坏成品。机电总承包组织架构充分发挥验收小组职能，独立进行管理，将主控项分解严格控制，为验收打下基础。

4. 工程验收演练

模拟专项验收由验收小组组织建设、监理相关人员，定期组织演练，演练严格按照验收策划书流程组织进行，形成验收记录。通过梳理验收过程中问题，及时进行整改，不断完善系统缺陷。加深验收小组人员对验收流程的熟悉度和验收内容的理解。具备条件的，事先邀请相关政府或行业主管部门人员指导。

2.9.4 600m超高层建筑消防验收

超高层建筑专项验收中消防验收始终是重点难点，尤其在我国建筑高度不断攀升时与之配套的消防系统设计、验收规范，却始终未有针对性进行修改完善，导致目前超600m超高层项目消防设计大多借鉴香港地区或国外设计经验，进行消防性能化设计和验收，验收标准存在差异。其次超高层建筑建设周期长，多考虑利用系统分区独立便利，策划分区验收。

1. 消防验收组织形式

消防验收形式一般分为整体验收、区域验收、专业验收等形式。

超高层项目由于业态及功能垂直分区，建设周期长，一般考虑分区提前投入使用或局部优先投入使用要求，因而涉及分段进行消防验收工作。分段验收策划应重点关注消防功能分区的独立形成措施、消防系统的独立运行具备的条件、运营部分与施工验收部分之间协调关系，形成分段验收策划方案，与消防验收部门达成一致，方可进行实施。

2. 施工过程自检记录

消防验收涉及专业内容多，覆盖建设全过程，如核心防火分区、管线防火措施、幕墙层间防火封堵等，此部分大量内容已进行了隐蔽难以复查，消防验收过程中对此部分内容，多采取查看资料，现场抽查验收，若发现不合格项，直接定性为验收不合格，因而自检报告显得尤为重要，应予以重点关注。

3. 消防材料第三方检测

各地区对消防材料检查要求有所不同，且消防材料涵盖范围广，涉及土建、装饰、机电等各专业，应严格按照消防报验要求提前准备检查报告，供货证明，以防止报告缺少，导致消防验收时间推移。

4. 消防验收影像记录

统计我国超高层项目消防验收次数，暂无一次性通过消防验收项目，通常要经过 2～3 次验收才能完成全部消防验收，而且作为超高层机电项目验收方式多采用分区分专业的验收方式，导致验收次数多，针对每次验收的主控内容，应有专人进行影像记录，以便保证验收连贯性，形成最终验收记录资料。

5. 性能化设计内容测评

性能化设计是针对每个超高层项目进行特有的设计，其每一项设计均通过众多消防案例衍射而来，其重要性不言而喻，因而作为机电总承包单位，应把该项内容作为重中之重，应逐一进行检查测试，保证与设计相符。

6. 书面反馈问题整改

消防验收完成后，政府消防管理部门会按照验收时所出现的问题，分类型进行罗列形成问题清单，反馈参验项目。但一般验收报告反馈时间周期较长，机电总承包应及时收集问题提前自行制定清单，逐一进行整改，并形成整改记录，待书面报告下发后再查漏补缺，压缩验收周期。同时项目部与政府消防管理部门应建立密切沟通机制，及时反馈现场整改，并就疑问形成双方确定的整改方案，指导现场施工，以便加速通过验收。

2.9.5 超高层机电系统移交管理

超高层机电系统多采取分区布置主备系统，管线密集，错综复杂。为考虑运营管理，管线已设置标识，但由于物业管理人员进驻较晚，大量管线已隐蔽，仍造成对系统认知熟悉难度加大。庞大的系统尚未熟悉，便投入使用，往往造成项目交付使用了半年或一年，机电系统都无法通畅的运行，离真正实现绿色、智能、节能机电系统相距甚远。在系统移交工作时，让交接平稳，让营运顺利，让用户满意，是体现工程移交成功的标志。

作为超高层项目应从以下五个方面入手，共同推进，以实现超高层建筑机电系统的智能化运行，满足使用者的功能需求，体现超高层高端项目真正的价值。

1. 机电系统移交内容

工程顺利移交标志着工程由建设期转入运营期。机电系统移交包含内容众多，如机电实物管线、机电系统功能、备品备件、产品资料、图纸等，移交工作繁琐，且工作量大。因此，为保证移交双方能对工程移交有共同认识，移交内容应制定清单，每项应有对应的移交验收标准，移交方和接收方在同一标准下进行工作交接。

常见的机电系统移交内容见表 2.9-3。

机电系统移交内容表 表 2.9-3

序号	移交项目	内容
1	实体工程	(1)系统实物管线。 (2)系统实物管理业主、监理验收报告。 (3)组织物业单位现场查验的记录资料
2	系统功能	(1)机电系统功能现场演示影像资料。 (2)各方参与功能验收合格报告。 (3)组织物业单位现场检查功能

序号	移交项目	内容
3	资料及物件	(1)资料和工器具等的移交清单目录。 (2)机电总承包范围内的竣工图、竣工资料、BIM竣工模型。 (3)所有机电设施设备的安装、使用和维护保养资料。 (4)质量保修文件和用户使用及维修手册。 (5)物业管理所必需的其他物品、资料。 (6)所有出入的门禁卡、钥匙。 (7)所有备品备件。 (8)经发包方同意,需在保修期内继续工作的内容清单
4	BIM模型	(1)机电总承包商负责将整个机电系统设备参数等信息录入BIM模型,为运营维护提供便捷服务。 (2)在BIM竣工模型移交物业运营单位后,还将协助物业单位将二次装修等信息加入到竣工模型中。 (3)以竣工信息模型为依托制作调试运行数据模型,将模型中相关的信息进行集成,并提取其中的关键内容编制培训大纲,对节能运行模式提出建议。 在交付竣工模型后,应对物业人员进行相应的培训,根据工程分两个阶段进行验收的安排,将在每阶段分别进行预定次数的正式培训课程,提高物业人员对BIM模型的掌握和使用熟练程度

2. 移交组织架构

机电总承包单位编制移交小组组织架构方案,由业主、监理、物业三方进行确认,在各方达成一致后,形成统一的移交管理小组。管理小组专门制订相应的移交计划,对移交工作统筹安排。移交管理服务组织架构图如图2.9-2所示。

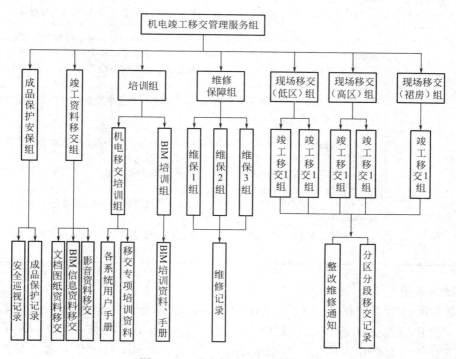

图 2.9-2 移交管理服务组架构图

3. 移交实施管理

工程进入调试阶段，物业工程部门人员需进驻现场，与施工单位共同参与调试工作，尤其是物业人员应就调试阶段会影响后期运营关键工作上，提出合理化建议和措施，使系统从运营思路进行调试。此项工作的核心点，需要建设方进行统筹，从物业单位确定、物业工程各系统负责人的确认、物业运行方式合理化建议、实施的决策等方面应进行明确约定。

利用超高层机电系统固有特点，系统分区移交同步推进，有效缩短移交时间。

4. 培训管理

组建机电移交服务组织架构后，按分工原则，由培训组就移交内容编制详细的培训计划、培训大纲、培训教材，并提出作为机电总承包单位在施工过程中对机电系统的理解认识，以及过往项目运营优化等，让物业运营人员熟悉系统，掌握操作，理解理念。培训管理内容见表2.9-4。

培训管理内容表 表 2.9-4

序号	项目	主要内容
1	培训计划	(1)在机电系统运营培训前编制培训计划,计划包括所有机电总承包范围内的机电专业分包和设备供应商; (2)培训计划在进行相应阶段培训前一个月提交业主、物业运营单位认可; (3)考虑本工程低区提前验收的要求,本工程将先期进行塔楼低区运营部分机电移交培训,在整体竣工后,再进行整体机电系统的培训
2	培训大纲	(1)培训前,机电总承包组织各机电专业分包和设备供应商编制培训大纲,并在正式有培训前一个月提交业主、物业运营单位认可; (2)培训大纲主要包括培训目标、培训主要内容、培训课时安排、培训主要形式等
3	培训教材	(1)机电总承包在物业培训前组织各机电专业分包和设备供应商编制培训教材,培训教材提供解释有关设计资料、文件、图纸、模型、设备内部透视资料等并附DVD光盘录像及其他需要的培训教材文件;培训工作完成后,有关装备和教材将提供给业主,以便日后业主自行对其他员工进行辅助性培训用; (2)机电总承包将负责将机电系统培训中关键内容结合本工程BIM竣工模型编制三维培训教材,并对节能运行模式提出建议
4	培训实施	(1)机电总承包方协调设备供应商和机电专业分包选派熟悉所供应设备性能且工作经验丰富,具有一定资格的技术人员进行物业培训工作; (2)在征得业主同意的情况下,利用已安装、测试和交工试运转的装置和设备对业主的工作人员进行培训,以加深他们对系统的理解; (3)培训内容除了机电系统原理培训、日常操作及维护保养等,还将包括BIM竣工模型使用和维护的培训、机电系统节能运行建议等; (4)培训前将对每项课程提出接受培训的学员应具备的资历要求,以使有关培训能达到预期的效果

5. 维保手册

机电总承包组织各机电分包编写用户手册，以各分部工程机电系统为基础，结合物业运营管理人员的建议，编制机电工程《用户使用及维修手册》，该手册应具备机电工程的所有产品说明书，对机电系统的能效提升和运营优化有着引导作用，见表2.9-5。

维保手册编制内容表   表 2.9-5

序号	项目		内容
1	编制工作安排		(1)要求各机电分包在施工准备阶段列出用户手册的大纲和编制计划,报机电总承包批准实施; (2)在施工过程中注意收集相关资料,机电总承包将对此工作进行定期检查; (3)在机电系统调试前,组织各专业分包单位拟定一份包含临时性的记录图册、操作和维修保养程序的《用户使用及维修手册》,供业主工作人员和物业管理人员能预先对系统有所了解,系统调试时物业管理人员将全过程参与,进一步熟悉各个机电系统; (4)调试后期组织各机电分包进行用户手册的系统性编制,其间充分征求物业运营单位的意见,在调试完成后,进行修改、完善并定稿
2	主要目录及内容	封面	注明专业系统名称,机电总承包与系统专业分包维修电话,包括正常工作时间电话与非工作时间电话
		系统说明	(1)机电系统的基本情况说明,主要设备分布情况说明; (2)系统各主要装置和部件的大小规格和功能; (3)提出每个系统的可调节部件和保护装置的最初调校参数; (4)有关供电系统、配电屏和控制屏的详细说明; (5)所有系统和装备的技术资料介绍; (6)主要设备经调试运行后所核定的调节定位参数; (7)机电系统节能运行管理的建议
		操作程序	(1)各个机电系统如何调节、控制、监察和调校的说明; (2)根据系统开启与停止进行说明,包含主要开关元件的使用方法; (3)正常系统设备运作程序和在系统不正常运转情况下的应急措施
		紧急操作程序	出现火灾、台风等各种灾害状态下的紧急处理方案
		调试报告	经过整理的机电系统及主要设备调试报告
		主要监测仪表	对系统中主要仪表使用方法、其所监测参数和参数变化的意义进行说明
		注意事项	对机电系统运行可能造成较大影响的事项以加粗黑体字进行说明
		维修与保养	(1)所有系统的检查、养护、维修手册; (2)装置更换部件的程序和要求; (3)系统的故障寻找与判断程序; (4)零配件表
		供应厂商指南	列出每一种设备、材料和附件的供应厂商和代理商的名单,包括通信地址、联系人、电话、传真号码、电子邮件地址及单项保修期
		附录	重要设备材料的厂商产品资料,所有设备需附有原厂所发的图纸,如有需要须同时提供部件分解图,以显示各部件的位置

3 超高层建筑机电创新技术

3.1 基于 BIM 的深化设计技术

超高层建筑由于其高度的因素，需分区设置避难层和机电设备层，导致机电系统存在较多转换，以深圳平安国际金融中心为例，空调系统有九个供冷分区，其中最高分区经过三次换热传输；电气系统有三个大供电分区，15 个 0.4kV 供电分区。此外，超高层建筑机电系统功能需由多个专业系统配合才能整体实现。这些特征决定过了超高层建筑深化设计的重点是基于专业系统的功能实现和多系统配合的综合协调。

采用基于 BIM 系统的深化设计技术，一方面完成各专业之间的配合协调，如平面管线采用 BIM 方式依据控制标高要求进行管道的综合管线排布、综合支架的设置、机房和管井内设备及管道的布置、机电各系统之间的接口匹配、机电与土建预留预埋的协调、机电风口灯具等与装饰点位配合的协调等。另一方面，完善完成各专业的系统性功能设计，如系统功能参数与设备选型的优化、空调水系统水力平衡深化设计、VAV 系统深化设计、隔振降噪深化设计等。最终保证深化设计成果的质量，以达到指导现场施工、指导预制加工、现场装配施工的标准。

3.1.1 基于 BIM 的综合协调类深化设计

目前国内建筑工程项目机电系统的深化设计已较普及，随着 BIM 在建筑工程中的推广，BIM 在机电深化设计中的作用越来越大。通过采用 BIM 技术，进行三维可视化建模及综合排布，可以较大提高深化设计质量。

1. BIM 协同云平台

大体量的 BIM 模型，对计算机硬件提出了较高的要求。如深圳平安国际金融中心项目建立了基于局域网内的私有云平台。私有云平台相对于公有云而言，它主要是搭建一个局域网的共享平台，适用于工作小组的协同作业和快速沟通。该私有云平台，一是应用计算机云存储技术和欧特克的 vault 平台相结合，实现超高层建筑的施工过程数据高效安全的存储与流转；二是应用计算机云计算技术与 HPRGS（远程图形控制软件）及 Autodesk Revit 软件的协同作业技术相结合，通过桌面端分布方式，主机介入研发局域网或介入外部 Internet 软件进行部署，在降低硬件投入的同时实现多人协同作业的目的。私有云平台部署架构如图 3.1-1 所示。

2. 基于 BIM 的深化设计流程

基于 BIM 模型的深化设计应坚持 BIM 技术实施贯穿全过程，其基本流程如图 3.1-2 所示。

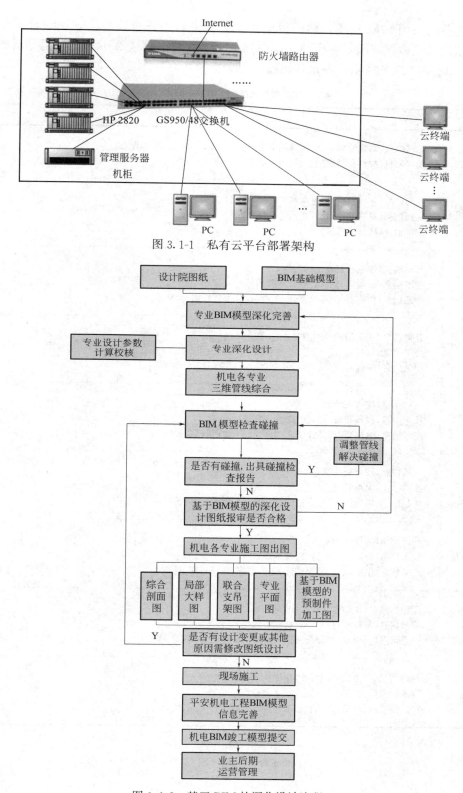

图 3.1-1　私有云平台部署架构

图 3.1-2　基于 BIM 的深化设计流程

各专业均采用 BIM 建模，然后模型在私有云平台进行合模后，开展综合排布工作，减少模型内管线碰撞情况，使模型细度达到 LOD350 标准（表 3.1-1），然后导出施工图，如图 3.1-3～图 3.1-8 所示，满足现场施工要求。

BIM 模型精度 LOD350 标准

表 3.1-1

组成	标准
水管道、风管道	几何信息（系统绘制支管线，管线有准确的标高，管径尺寸、添加保温） 技术信息（材料和材质信息、技术参数等）
母线桥架线槽	几何信息（基本路由、尺寸标高） 几何信息（具体路由、尺寸标高、支吊架安装） 技术信息（所属的系统）
管件	几何信息（绘制支管线上的管件） 技术信息（材料和材质信息、技术参数等） 产品信息（供应商、产品合格证、生产厂家、生产日期、价格等）
阀门	几何信息（按阀门的分类绘制） 技术信息（材料和材质信息、技术参数等） 产品信息（供应商、产品合格证、生产厂家、生产日期、价格等）
附件	几何信息（按类别绘制） 技术信息（材料和材质信息、技术参数等） 产品信息（供应商、产品合格证、生产厂家、生产日期、价格等）
仪表	几何信息（按类别绘制） 技术信息（材料和材质信息、技术参数等） 产品信息（供应商、产品合格证、生产厂家、生产日期、价格等）
卫生器具	几何信息（具体的类别形状及尺寸） 技术信息（材料和材质信息、技术参数等） 产品信息（供应商、产品合格证、生产厂家、生产日期、价格等）
设备	几何信息（具体的形状及尺寸） 技术信息（材料和材质信息、技术参数等） 产品信息（供应商、产品合格证、生产厂家、生产日期、价格等）
末端	几何信息（具体的外形尺寸，添加连接件） 技术信息（材料和材质信息、技术参数等） 产品信息（供应商、产品合格证、生产厂家、生产日期、价格等）

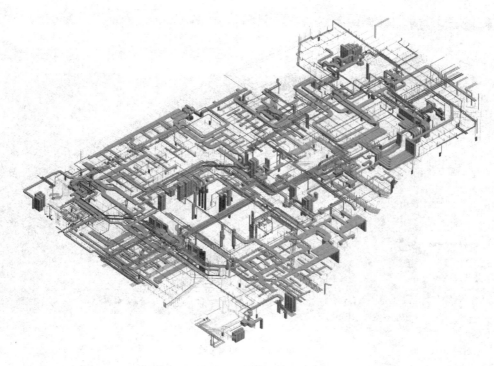

图 3.1-3　综合管线全模型搭建

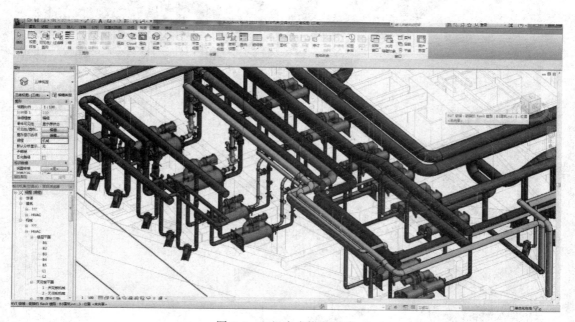

图 3.1-4　机房全模型搭建

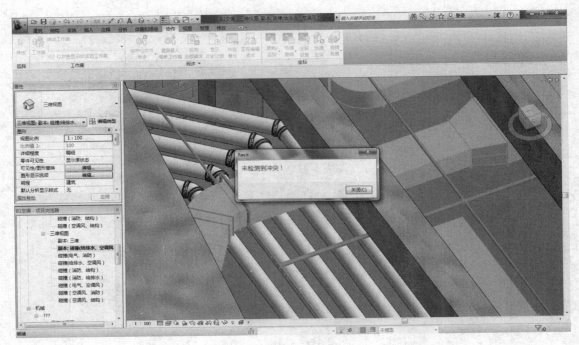

图 3.1-5　碰撞检查

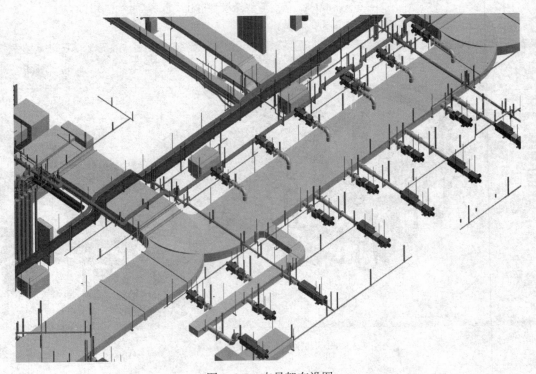

图 3.1-6　支吊架布设图

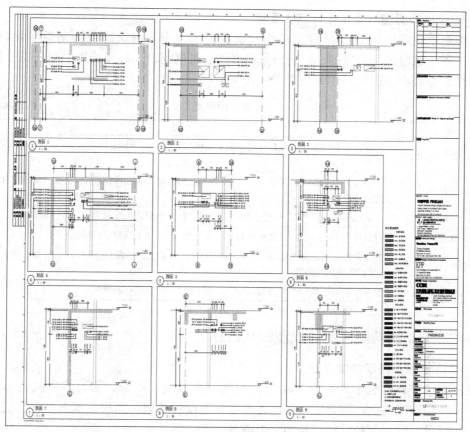

图 3.1-7　BIM 导出施工图

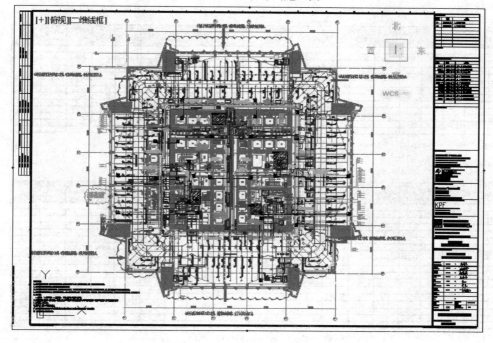

图 3.1-8　BIM 导出施工图

3. **综合协调类图纸深化设计基本要求**

机电总承包应用基于 BIM 模型的深化设计技术，主要解决综合协调类深化设计图，包括但不限于机电综合管线图、综合预留预埋图、机电配合土建要求图、机房综合图、管井综合图、综合点位图，具体分类要求见表 3. 1-2。

深化设计图分类 **表 3. 1-2**

分类	要求
机电综合管线图	协调各专业的管线布置及标高在满足系统功能的前提下满足净高要求，保证管道无碰撞，综合布置，层次清晰
综合预留预埋图	在综合机电平面图完成获批后，调整各专业的预埋管线和预留孔洞、套管。重点标注预留预埋的定位尺寸
机电土建配合图	显示机电管线穿越二次砌筑墙体的预留孔洞、预埋套管。显示对管井墙体砌筑要求
机房深化综合图	对机房内管线、设备、设备附件布置综合考虑，保证施工便利、维修便捷、布局美观
管井综合图	管线的排布要充分考虑管井内阀门等配件的安装空间和操作空间，预留管井的维修操作空间，保证管线的完整性
综合点位图	配合精装修提供综合性各机电专业末端点位位置，以配合装修施工

3. 1. 2 基于系统功能实现的专业深化设计

1. **系统复核，保证功能完整**

经过综合排布的机电管线，其路径会发生不少改变，返弯较多，系统阻力会发生变化。为保证功能完整性，需要校核机电各专业材料设备参数，如校核水泵扬程、流量，风机风压、风量，管道管径，风管截面，电缆截面等（图 3. 1-9）。

设备名称：S-L35-1
设计设备总风量：7050（m^3/h） 静压：273 Pa；
实际系统总风量：7050（m^3/h） 计算阻力：154.6 Pa； 选用余压：180 Pa

管段号		风量Q(m^3/h)	管道尺寸（长a*宽bmm）		风管长度L（m）	当量直径Dv=2ab/(a+b)mm	风速v=Q/(a*b)m/s	运动粘度υ	比摩阻Rm(Pa/m)	沿程阻力Pm=L*Rm(Pa)	局部构件	构件数量	单个构件局部阻力系数ζ	总的局部阻力系数ζ	动压Z=v^2*ρ/2（Pa）	局部阻力Pj=ζ*Z(Pa)	P=Pm+Pj(Pa)	叠加（Pa）
环路1--2--3																		
1	L35	7050	760	550	1	638	4.69	0.000016	0.325	0.3	百叶	1			13.2	50.0	50.3	50.3
											大小头	1	0.29	0.29	13.2	3.8	3.8	54.2
											软接头	1	0.1	0.10	13.2	1.3	1.3	55.5
2	L35	7050	1000	320	4.2	485	6.12	0.000016	0.733	3.1	大小头	1	0.29	0.29	22.5	6.5	9.6	65.1
											软接头	1	0.1	0.10	22.5	2.3	2.3	67.3
											止回阀	1	0.52	0.52	22.5	11.7	11.7	79.0
											70°电动防火调节阀	1	0.52	0.52	22.5	11.7	11.7	90.7
											T型三通	1	0.09	0.09	22.5	2.0	2.0	92.7
											大小头	1	0.29	0.29	22.5	6.5	6.5	99.3
3	L35	3525	800	320	2.9	457	3.82	0.000016	0.337	1.0	T型三通	1	0.5	0.50	8.8	4.4	5.4	104.6
	L35	3525	1000	500			1.96				百叶风口	1			8.8	50.0	50.0	154.6
合计										4.38						150.25	154.63	

177.8296

注： 最不利环路1--...--3的阻力为：154.6 Pa，考虑施工和漏风因素影响加15%余量，设备机外余压177.8 Pa。

(*a*)

设备名称：S-L35-2
设计设备总风量：4500（m^3/h） 静压：275 Pa；
实际系统总风量：4500（m^3/h） 计算阻力：439.8 Pa； 选用余压：510 Pa

管段号		风量Q(m^3/h)	管道尺寸（长a*宽bmm）		风管长度L（m）	当量直径Dv=2ab/(a+b)mm	风速v=Q/(a*b)m/s	运动粘度υ	比摩阻Rm(Pa/m)	沿程阻力Pm=L*Rm(Pa)	局部构件	构件数量	单个构件局部阻力系数ζ	总的局部阻力系数ζ	动压Z=v^2*ρ/2（Pa）	局部阻力Pj=ζ*Z(Pa)	P=Pm+Pj(Pa)	叠加（Pa）
环路1--2-------7																		
1	L35	4500	760	550	3.1	638	2.99	0.000016	0.145	0.4	百叶	1			5.4	30.0	30.4	30.4
											大小头	1	0.29	0.29	5.4	1.6	1.6	32.0
											软接头	1	0.1	0.10	5.4	0.5	0.5	32.6
2	L35	4500	500	350	35	412	7.14	0.000016	1.18	41.3	大小头	1	0.29	0.29	30.6	8.9	50.2	82.7
											软接头	1	0.1	0.10	30.6	3.1	3.1	85.8
											止回阀	1	0.52	0.52	30.6	15.9	15.9	101.7
											70°防火阀	4	0.5	2.00	30.6	61.2	61.2	162.9
											90°弯头	4	0.24	0.96	30.6	29.4	29.4	192.3
											T型三通	1	0.09	0.09	30.6	2.8	2.8	195.0
3-4	L35-L37	4500	700	450	5	548	3.97	0.000016	0.289	1.4	T型三通	1	0.09	0.09	9.4	0.9	2.3	197.3
5	L37	4500	300	300	7.1	300	13.89	0.000016	5.781	41.0	90°弯头	3	0.21	0.63	115.7	72.9	114.0	311.3
											70°防火阀	1	0.5	0.50	115.7	57.9	57.9	369.1
6	L37	2250	300	300	5.5	300	6.94	0.000016	1.641	9.0	Y型三通	1	0.3	0.30	28.9	8.7	17.7	386.8
7	L37	1125	250	200	4.7	222	6.25	0.000016	1.95	9.2	70°防火阀	1	0.5	0.50	23.4	11.7	20.9	407.7
											T型三通	1	0.09	0.09	23.4	2.1	2.1	409.8
	L37	1125	500	200			3.13				百叶风口	1				30.0	30.0	439.8
合计										102.4						337.4	439.8	

505.8137

注： 最不利环路1--...--7的阻力为：439.8 Pa，考虑施工和漏风因素影响加15%余量，设备机外余压 505.8 Pa。

(*b*)

图 3. 1-9 系统复核实例

根据经审批的系统设备复核参数，重新选定符合条件的设备。

2. 大型管道支吊架受力分析，满足承重要求

超高层建筑大型管道多集中于地下室、避难层、设备层等地方。特别在地下室，大型机房众多，超大管道密集，对其支架承受荷载提出了较高要求。针对这些重点部位，对管道支架通过 madis 软件等受力计算软件进行受力情况分析，选择合适钢材制作支架（图 3.1-10）。

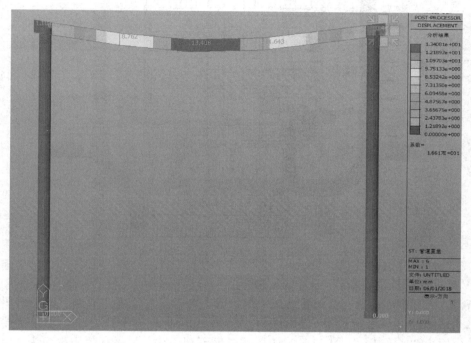

图 3.1-10　受力分析

3. VAV 专项深化设计

（1）空调风系统深化

塔楼办公层及交易层每层设两台变风量空气处理机组集中送风的全空气空调系统，末端采用单风道 VAV-Box 箱。由全热回收新风处理机回收排风的能量、降温除湿过滤后的新风送入各层空气处理机或直接由室外引入的新风，按一定比例与回风在空气处理机混合段内充分混合后，经过滤、冷却处理后送入室内。塔楼办公标准层两条空调主风管连通，中间设置电动阀门，阀门平时关闭，当其中一台机组故障时电动阀门自动打开，从而达到互为备用的目的（图 3.1-11）。

变风量系统通过改变送入空调区域的风量，满足负荷的变化，能耗的降低体现在空气处理机组风机上。机电总承包对于塔楼一区标准层进行空气处理机组的冷量、风量及机外余压的复核工作，以及 VAV 系统风量平衡的深化工作。

1）变频空气处理机组冷量、风量的复核。

塔楼标准层逐时总冷负荷（W）最大计算值为 331656W，约为 332kW；考虑设计余量，单台变频空气处理机组制冷量设计值为 175kW，一区标准层每层共计 350kW。经计算得，一区标准层总风量为 68472m³/h，则单台变频空气处理机组风量选为 36120m³/h。

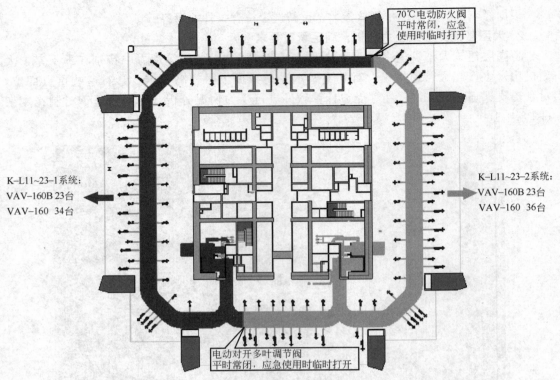

图 3.1-11　标准层 VAV 系统示意图

2）标准层机外余压复核。

塔楼一区标准层由两套变风量送风系统组成，两者互为备用。根据空调平面图，复核得出 K-L11～23-2 风系统最不利阻力损失为 391.42Pa，即 K-L11～23-2 变频空气处理机组机外余压为 391.42Pa。K-L11～23-1 风系统最不利环路，最不利阻力损失为 470.96Pa，即 K-L11～23-2 变频空气处理机组机外余压为 470.96Pa。余压的复核分析图如图 3.1-12 所示。

3）风量平衡深化-阀门开度计算。

为响应塔楼低区先投入运营要求，机电总承包提出"调试前移"的思想，即考虑将塔楼风平衡调试工作通过计算，将 VAV 系统进风段支管蝶阀开度进行计算，并在现场按照计算结果将阀门开度调好安装，达到预调试的目的（图 3.1-13）。

4）VAV 系统相关图纸深化内容。

VAV 系统深化设计图纸包括 VAV 系统风口布局平面图、综合管线排布、VAV 系统供电平面图、VAV 控制平面图等的深化（表 3.1-3）。

VAV 协调图纸深化设计目的　　　　　　　　　　　　　　表 3.1-3

序号	图纸名称	深化设计目的
1	VAV 系统风口布局平面图	根据以往经验，为 VAV-Box 后八爪鱼及回风口合理布置；VAV 出风箱选用三出口，两用一备，为租户精装充分考虑
2	综合管线排布	合理布置 VAV 系统，满足办公区域精装顶棚标高要求
3	VAV 系统供电平面图	深化 VAV-Box 电加热及驱动器电源控制回路，为业主后期运营计费管理提出合理化方案
4	VAV 控制平面图	深化 VAV-Box 控制回路及平面布置

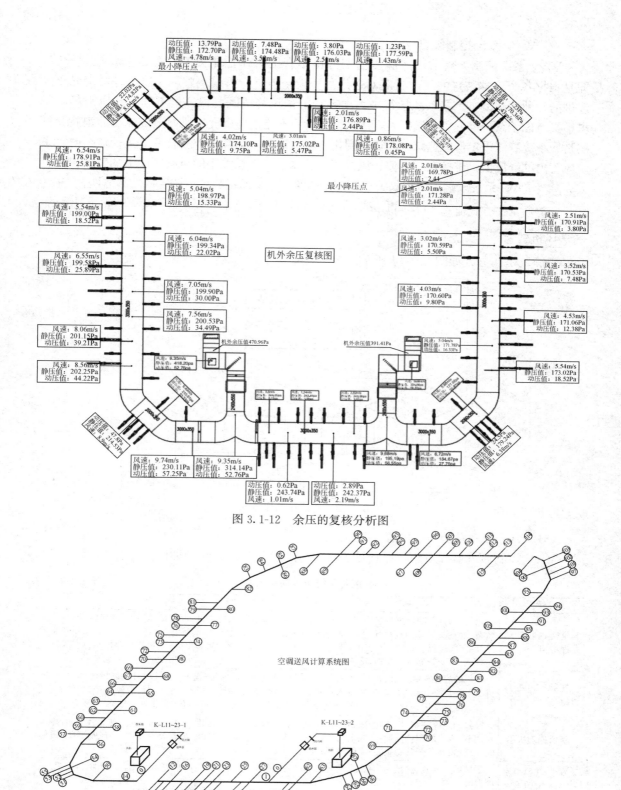

图 3.1-12 余压的复核分析图

图 3.1-13 空调送风计算系统图

（2）VAV 系统控制策略

VAV 系统控制策略采用定静压与变静压结合的工作控制策略。静压重设控制策略，即是根据各个末端装置的阀位状况对送风静压设定值进行再设调整，实质上是对定静压法改进的一种控制策略。在系统运行中力求系统的送风静压既要保证最不利末端所需静压需求，又考虑了系统部分负荷运行时，送风静压设置不能过高过度送风而造成能源的浪费。目的是使系统静压设定值能追踪空调负荷变化，从而避免了定静压控制在部分负荷运行时，系统风管内的静压值仍维持在较高值，风机压头过多地消耗在关小的风阀阀门上的弊端，可以大大减少 VAV 系统末端因节流阀关小而产生的噪声，从而提高了空调区域的舒适性。

定静压工作方式流程为 房间温度 → VAV-Box 送风量 → 主送风道静压 → PID 变频调速 → 送风机转速 。

变静压工作方式如图 3.1-14 所示。

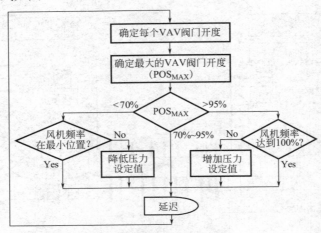

图 3.1-14　变静压工作方式

（3）VAV 控制系统监控内容

VAV 控制系统监控对象及原理见表 3.1-4，VAV 控制系统图如图 3.1-15 所示。

VAV 控制系统监控对象及原理　　　　　　　　　　　　　　表 3.1-4

监控设备	监控内容
全热回收新风处理机组	风机的启停控制、风机状态、故障报警、手（自）动状态、风机机械故障；送风温度、新风温（湿）度、回风温（湿）度；过滤网前后压差；热回收器启停、运行状态、手（自）动状态、故障报警、旁通风阀开关控制、风阀阀位反馈；光氢离子净化器运行状态、手（自）动状态、故障报警；变频器启停控制、故障报警、变频调节、变频器频率反馈；冷水阀调节、冷水阀阀位反馈；风管静压；新风量监测
变频空气处理机组	风机的启停控制、风机状态、故障报警、手（自）动状态；新风温（湿）度、送风温度、回风温（湿）度；风机压差；过滤网前后压差；冷热冷水阀调节、冷热水阀阀位反馈；变频器启停控制、故障报警、变频调节、变频器频率反馈；回风 CO_2 浓度；风管静压；光氢离子净化器运行状态、手自动状态、故障报警
新风处理机组	风机的启停控制、风机状态、故障报警、手（自）动状态；送风温度；风机压差；过滤网前后压差；冷水阀调节、冷水阀阀位反馈；变频器启停控制、故障报警、变频调节、变频器频率反馈；新风阀调节、风阀阀位反馈、新风阀状态报警；风管静压；新风量监测
VAV 变风量末端（不带电加热）	区域温度监测、区域温度设定、风速压力监测、运行模式（临时、占用、关闭）监测、风阀阀门反馈、风阀调节
VAV 变风量末端（带电加热）	区域温度监测、区域温度设定、风速压力监测、运行模式（临时、占用、关闭）监测、风阀阀门反馈、风阀调节、电加热控制、电加热运行状态

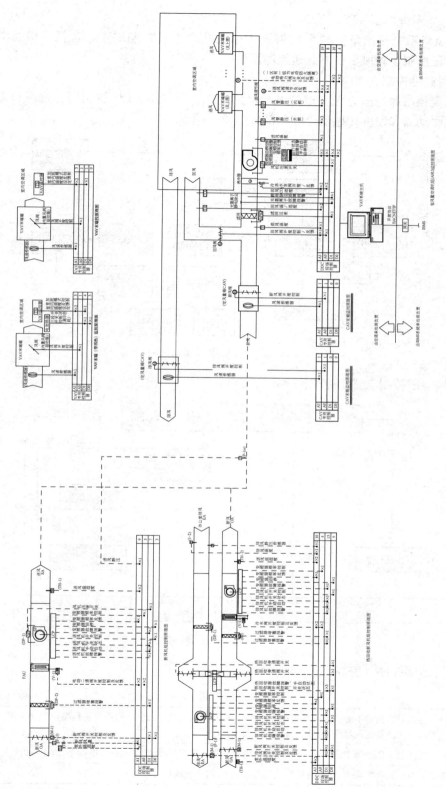

图 3.1-15 VAV 控制系统图

97

（4）VAV 系统控制要点

针对 VAV 系统变风量空调系统需要考虑的几个主要控制要点，包括：房间温度控制、送风静压控制、新风量控制、送风温度控制。

1）房间温度控制。

房间温度控制通过压力无关型的末端单元实现，由一组 DDC 控制器、进风口差压变送器、风阀驱动器和温度传感器等控制部件组成（图 3.1-16）。

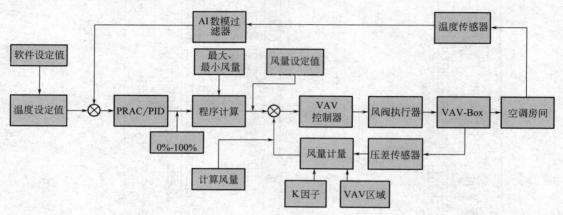

图 3.1-16　压力无关型末端控制图

2）送风静压控制-变静压控制（图 3.1-17）。

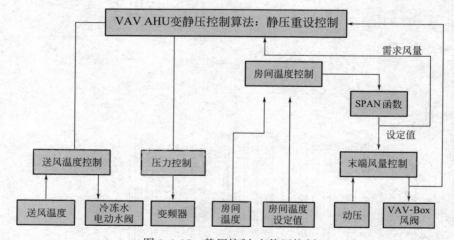

图 3.1-17　静压控制-变静压控制

3）送风温度控制（表 3.1-5）。

送风温度控制　　　　　　　　　　　　　　　　　　　　　　　　表 3.1-5

1	当风量达到最大值仍不能满足区域内负荷需要时,控制系统通过逻辑分析运算对送风温度趋势判断,如果负荷仍在增加时则降低送风温度,将冷冻水阀开度调大
2	当风量达到最小值仍超于区域内负荷需要时,则需升高送风温度,将冷冻水阀开度调小,防止室内温度波动
3	冷冻水阀与风机状态联锁,在没有风机状态的情况下,将冷水阀门关死

4）新风量控制。

在非过渡季节，系统在变风量空气处理机组回风管安装 CO_2 浓度传感器，用以监测室内 CO_2 浓度。当房间的 CO_2 浓度发生变化，实际值偏离设定值时，DDC 控制器根据偏离程度通过系统计算，确定变风量空调机组的需求新风量，调整空调机房变风量箱的风阀开度。

新风系统的控制如图 3.1-18、图 3.1-19 所示。

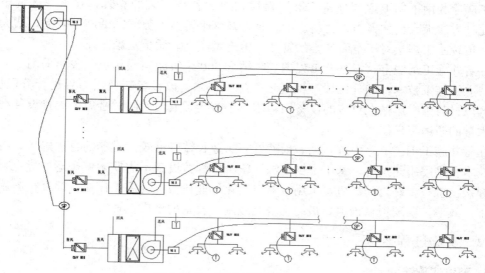

图 3.1-18　新风系统控制图（一）

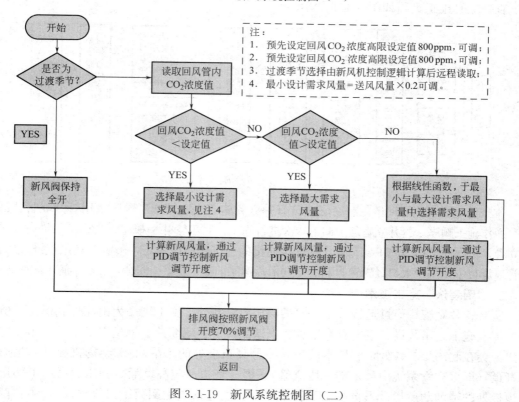

图 3.1-19　新风系统控制图（二）

3.2 管井立管倒装法及大口径自动焊接施工技术

3.2.1 技术产生背景

在目前超高层建筑管井立管施工中，通常采用传统的"正装法"进行管井立管施工，其施工顺序为由下向上逐根连接安装，每层均要放置待安装的立管，并水平运输至管井处，此种方法大大增加人力、材料、设备垂直及水平转运次数，降低施工效率，增大安全风险。传统手工焊接对于空间狭小的管井，施工难度大，质量很难保证。

在管井施工组织上，根据该工程现状，结合600米级超高层特点，我们采用了一种新的管井立管施工技术，即分区段"倒装法"施工技术。以设备转换层为界进行分段倒装，将每区段材料集中运输在对应的设备层，施工中节约了人工，同时避免了焊接设备在不同楼层大量的搬运工作。

在管井施工工艺上，引进石油、天然气等工业长输管道较为成熟的自动焊机，将自动焊接技术引进民用建筑中，基于"倒装法"施工中焊接设备不需要频繁搬运的优点，在固定的焊接位置布置好自动焊机，采用机器自动化作业代替传统手工作业，提高机电施工质量和施工效率，实现项目价值，最终实现高效施工技术的推广。

3.2.2 实施过程要点

1. 整体实施流程

管井立管施工流程如图 3.2-1 所示。

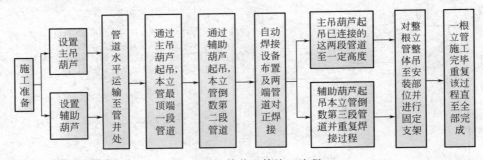

图 3.2-1 管井立管施工流程

本技术主要工艺原理是在超高层建筑管井立管施工中，其施工顺序采用管井立管"倒装法"逆作施工顺序，管井立管从上向下依次进行施工，对于管井一根立管先行施工最高一层管段立管，依次向下逐段施工，每根立管焊接连接的施工作业面固定，吊装工具吊点设置固定；在管口焊接中，采用大口径管道自动焊接技术，确保了施工质量、安全，提高了施工效率。

2. "倒装法"施工技术

所有管井立管均通过运输放置在起吊层相应管井处，施工顺序为由高位到低位"倒装法"依次施工。吊装设备主要有卷扬机、电动葫芦、手动葫芦、钢丝绳等工具。吊装主要方法为：在起吊层管井处，利用本区段管井最高顶板处的主吊葫芦/卷扬机提升起吊第一节管道（即该立管系统中最末端一段立管），提升管道一定高度后，利用起吊层上两层管井顶板处的辅助葫芦提升垂直第二节管道（即该立管系统中倒数第二段立管），调整两节立管的定位，保证两节管道垂直并对接，在焊接作业层（一般为起吊层上一层）进行管道焊接，待焊接牢固后，进行整体提升，然后利用辅助葫芦起吊第三节立管，依次重复以上步骤由上向下倒装进行焊接吊装，直到整条立管连接完毕，然后进行高位其他立管的管道连接，待高位所有立管连接施工完毕后（在高位立管吊装连接施工过程中，同时进行高位立管支架制作安装），最后进行高位立管逐根提升到安装部位层，进行高位管道立管支架固定等工作，则高位立管施工完毕。中位、低位立管施工方法相同。立管"倒装法"施工大大提高了施工质量及效率，同时使施工安全得到保证。

3. 大口径管道自动焊接技术

通过采用磁力管道小车配合 CO_2 气体保护焊机形成自动焊接设备（图 3.2-2）。通过研究及模拟实验，设定其最佳的工作参数，如焊丝规格、焊接电流、焊枪 CO_2 流量等，并通过焊接工艺评定，确定合理的焊接工艺程序，使用无损检测对焊缝质量进行检测验证。

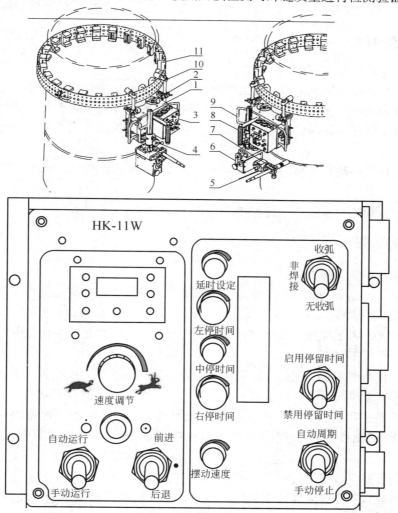

图 3.2-2　磁力管道焊接小车

1—小车主体部分；2—驱动部分；3—控制箱；4—调节移动座；5—焊枪角度微调装置；
6—焊枪摆动器；7—焊枪夹持器；8—便携手柄；9—安装手柄；10—导向轮；11—钢带导轨

（1）焊接准备。

进行磁力小车安装以及磁力小车接线及调整。

（2）焊接过程。

在管井内焊接作业位置布置好自动焊机后，初步调整工艺参数（电流、电压），设置连续焊接时间或者断续的焊接和休止距离以及收弧时间，确认 CO_2 气体流量及熔池的保护效果。

开始焊接，观察电弧，调整焊接速度及其他焊接工艺参数直到合适；焊接结束后按停止开关，或者在工件末端设置障碍物以触动小车感应停止开关，使小车自动停止工作。

（3）焊接质量检验。

焊接作业完成后，依据现行国家标准《通风与空调工程施工质量验收规范》GB 50243、《现场设备、工业管道焊接工程质量验收规范》GB 50683 对焊缝质量进行检测。

3.2.3 注意事项

焊接工作时应注意以下事项：

（1）交叉施工中的协调配合。针对管井施工场地狭小、工作量大等特点，管井中有其他专业管道影响施工，需根据难易程度、先后顺序、前后位置、先大后小等情况确定空调水管立管的施工顺序，管井施工中要与建筑、结构、装饰等专业密切配合，以保证施工的安全顺利。

（2）焊接作业环境严格要求，确保达到自动焊机作业条件，不因环境问题出现焊接缺陷。

（3）在正式焊接作业前，进行焊接工艺评定。

3.2.4 实施效果

（1）提高管井立管施工质量。

通过采用管井立管"倒装法"施工工艺，确保立管垂直度在规范允许范围内，即小于 $5L‰$，管道之间焊接对口平直度在 $1/100$ 以内，全程不大于 10mm。大口径管道自动焊接，焊缝质量优于人工焊接，焊接过程由机器完成，有效避免工人在作业中受到伤害。

（2）确保了施工安全。

管道施工作业面固定，仅仅在固定层楼板管井处进行施焊、连接等一系列工作，大大避免人员操作安全事故发生。

管道吊装是采用"倒装法"施工顺序，大大避免管道每层水平运输的安全隐患，管道的水平运输仅设置在设备层，垂直运输仅限于在施工管井内，其影响面小，确保安全。

（3）提高管井立管施工进度。

采用自动焊接及立管分区段倒装施工技术，完成超高层建筑一个区段的管井工程量，比传统方法可节约 $20\%\sim30\%$ 的时间，同时减轻了塔吊垂直运输的压力，将大量的管道垂直运输工作分解在了每节管道的对口焊接作业及提升中，有效地和其他工序穿插进行，保证了施工效率，节约了工期。

3.3 基于 BIM 测量机器人指导机电工程施工技术

BIM 技术日趋成熟，其模型精度已经达到相当高的水平，但模型数据与现场实物之间的转化仍存在较大差异，导致 BIM 技术实际施工应用过程中存在以下问题：

（1）机电综合管线模型设计过程中，由于没有足够的现场实际数据、对建筑结构施工工艺缺乏足够了解、传统施工中因测量偏差造成的返工等，导致 BIM 设计成果与实际情况不符，造成施工损失。

（2）机电综合管线模型包含大量精细的设计施工数据，不能直接有效地应用于现场施工，造成设计成果的浪费。

扫描以下二维码可观看视频

基于BIM测量机器人指导
机电工程施工技术视频

（3）为了满足客户空间需求，机电管线施工空间越来越有限，施工精度要求越来越高。

针对以上问题，我们通过技术创新，引入新型测绘技术与 BIM 技术相结合，通过在深圳平安国际金融中心、武汉绿地中心、华润深圳湾国际商业中心等工程施工经验，发明了一套基于 BIM 平台测量机器人指导建筑机电管线安装施工的方法，已成为建筑工程机电施工过程中确保安装精度与质量，衔接 BIM 深化设计与现场施工的新型施工技术。

3.3.1 工艺操作要点

硬件组成：

（1）全站仪主机：用于指示、测量放样点位的设备，其放大倍率：32 倍；测角精度：2″；测距精度：1mm；高速测距精度：2mm。

（2）放样管理器：即手持终端，导入 BIM 模型后，用于控制、选择测量或放样点，可直观连接和设置全站仪。

（3）三脚架：支撑及固定全站仪主机，可根据需要调整高度及角度。

（4）全反射棱镜及棱镜杆：用于点位在地面上测量及放样，与主机智能连接后准确定位，实时动态跟踪。

（5）主要应用功能：实现现场与模型的数据交互。

测量机器人放样如图 3.3-1 所示。

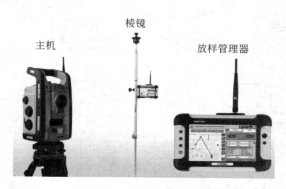

图 3.3-1　测量机器人放样

3.3.2 施工工艺流程

测量机器人施工工艺流程如图 3.3-2 所示。

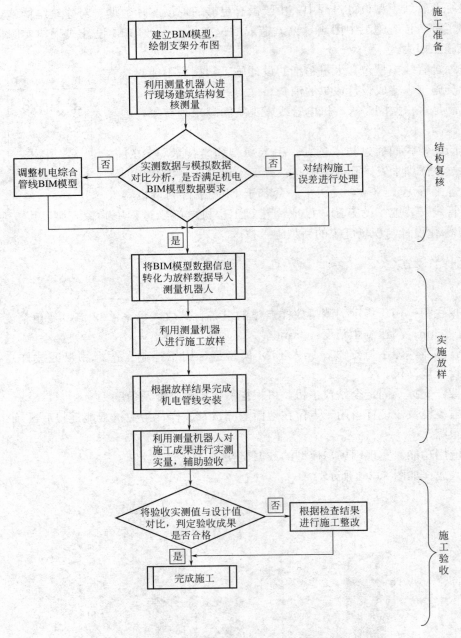

图 3.3-2　工艺流程图

1. 机电施工条件建筑结构复核

通过现场结构数据采集→实测数据与设计数据对比分析→根据数据对比、分析结果作出反馈，来完成建筑结构复核工作。从而提前发现机电施工条件的实际偏差，通过反馈与调整，使设计模拟数据（BIM）更好地契合施工现场实际，实现设计成果的再次优化。

2. 根据 BIM 数据进行机电安装施工放样

利用测量机器人根据 BIM 模型数据进行管线施工放样。首先将 BIM 模型数据转化为现场放样数据，然后通过测量机器人利用放样数据完成现场施工放样工作。

（1）将 BIM 模型数据转化为放样数据

施工过程中为实现精确设计施工，机电安装过程中管线布设、支吊架预埋点位坐标、机电设备安装轴线、管道异形件坐标、净高等放样数据均来自于机电综合管线 BIM 模型。

转化放样数据过程主要包括设计数据准备、放样点位选取、坐标数据整理、数据导入放样管理器四个步骤，如图 3.3-3 所示。

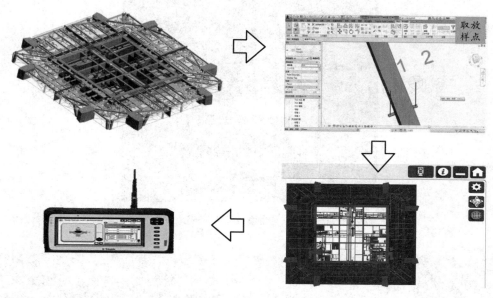

图 3.3-3 将 BIM 模型数据转化为放样数据器示意

（2）测量机器人根据 BIM 数据进行机电管线施工放样

机电管线施工放样，通过仪器设站、点位放样及标注、放样数据记录三个施工步骤，完成现场放样工作。

1）仪器设站。

以现场控制点为基准进行设站。为了保证在楼层中需要的位置能够进行设站，保证仪器与控制点之间的通视，可根据实际情况加密控制点。

2）点位放样及标记。

完成测量机器人设站工作之后，根据导入的放样数据进行放样。一名测量人员通过仪器放样管理器遥控仪器，一名施工人员进行放样点位标注。两人配合即可高效准确完成机电管线的放样工作，如图 3.3-4、图 3.3-5 所示。

图 3.3-4　利用测量机器人完成施工放样

图 3.3-5　现场放样点标记

3）数据存档，施工放样过程中及时记录，形成"每日放样汇总记录"与"放样点位精度统计报告"，及时将测量数据结果归档保存。

利用该项放样技术可以实现现场任意点位的放样工作，同理，通过这种点对点的放样方法即可完成弧形管道施工放样。

3.辅助施工验收

利用测量机器人辅助施工验收，主要由实测数据与设计及施工规范对比，根据对比结果进行施工整改两部分构成。

（1）利用测量机器人对施工成果进行实测实量，检查管线安装标高、水平度等情况，与设计模型中的信息对比分析。对施工现场水管、风管、桥架的水平度、垂直度进行准确度测量，实现竣工模型与现场实物的复验，完成设计模型与规范的对比（图3.3-6）。

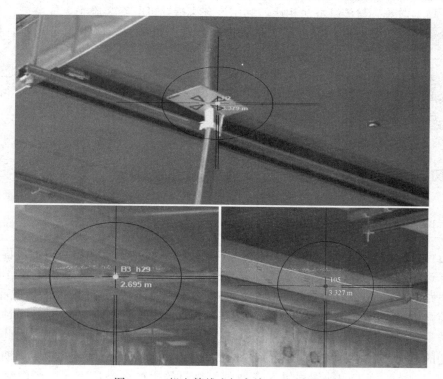

图3.3-6　机电管线底标高检查测量结果

（2）根据实测实量信息，并根据检查结果进行施工整改，进行辅助施工验收。

在此过程中为了将现场发现的质量问题及时高效的解决，我们将现场实测实量检查结果导入BIM模型，保证模型与现场的一致性，并以此结果为根据，指导现场施工整改工作，为后期建筑机电系统的运行与维护打好基础。

3.3.3　效果分析

（1）实现现场与模型数据的交互。利用测量机器人的坐标采集功能，实现了在BIM平台内的现场施工和设计模型的三维数字信息的交互（比对、判断、修正、优化），通过数据的交互，提高深化设计准确性，能够避免由于结构偏差引起的管线施工返工，节约工期。

（2）精确放样。通过测量机器人根据模拟数据（BIM）进行机电管线精确放样，实现了设计与施工的无缝连接，其放样精度是传统精度的 5 倍。

（3）提高效率，保证安全。测量机器人指导机电施工，大大减少工人放样工序高空作业及超高层人员设备周转、平台搭设、转运的时间，有利于保证施工安全。效率是传统方法的 3～5 倍。

（4）解决复杂管道安装难题。利用 BIM 平台的计算能力和测量机器人多点投放技术，将复杂管线施工难题以点对点放样的方式加以解决，化繁为简，简单高效。

（5）精准质量验收。利用测量机器人实测现场施工成果的数字信息并反馈，根据反馈结果进行施工验收前的整改工作，实现精准、高效、全面的施工质量验收。

（6）降本增效。与传统方法相比，利用该方法指导机电安装施工，能够减少现场施工人员数量及现场作业时间，保证施工过程的稳定性与准确性，降低人工成本，提高施工效率。

（7）实现工厂化预制的前提。基于 BIM 测量机器人指导机电施工技术，通过测量机器人读取 BIM 模型中的三维数字信息，与现场施工坐标系统的交互作用，指导现场综合管线施工放样，实现高精度的施工测量与偏差控制，为工厂化预制提供了前提。

3.4 风管的数字化加工及新型连接施工技术

3.4.1 风管的数字化加工

建造行业的机电建造模式一般为购买原材料，然后经过工地现场的施工过程，成为机电产品，这个过程称为"机电施工"或者"机电安装"。近年来，出于机电工作面的限制原因，思路开始走向机电半成品，这个过程叫"预制"；然后在现场进行半成品的施工，又叫"装配化施工"。这样做，主要出于缓解工作面不具备不延续的情况，同时因为机电专业经常受到土建和装饰专业工序的影响，造成机电现场施工工期的压缩，因此如果把均衡施工期的占比往策划期偏重，就可减少抢工的发生，形成较为均衡的施工周期，预制装配施工是一种均衡施工的前置思维。考虑到原材料的生产多是厂家在工厂内流水线生产的，那么机电半成品能不能流水化、标准化生产呢？回答是肯定的。

通过利用精确的 BIM 模型作为预制加工设计的基础模型，在提高预制加工精确度的同时，减少了现场测绘工作量，为加快施工进度、加快施工的质量提供有力保证。从绿色施工的角度考虑，工厂化的预制可以大量减少现场的切割、焊接作业，降低了二氧化碳等温室气体的排放，保护了环境。从成本的角度考虑，工厂化的预制能有效减少现场的劳动力配置，降低劳动力成本。从现场施工安全的角度考虑，工厂化的预制减少了现场的动火点，降低了火灾的发生率。从工作效率的角度考虑，工厂化的预制将大量的切割、焊接作业安排在工厂里完成，现场操作工人只需将管道分段组装即可，充分利用了现有的工作时间，大大提高了现场的工作效率。通过与 BIM 技术的结合，实现在施工单位进场前完成综合调整、所需管段提前加工完毕、方案预演等前期准备，在精确施工，精确计划，提升效益方面发挥着巨大的作用。

1. 风管预制基本要求

1）风管形式。

矩形的角钢法兰风管、共板法兰风管、德国法兰风管均可采用预制，可包含直管段、弯头、三通、小大头、天圆地方等形式。

2）采取风管预制的条件：

① 可标准模块化。预制件采用机器化生产，需要模块具有一定的标准性，如相同长度直管段、相同规格的管件、进出口相同规格的短管、同规格的天圆地方等。

② 可批量化。机器的批量化生产在一定程度上必定优于人工的重复操作，质量也能得以保证，生产率也会提升。

③ 具运输便捷性。预制化的机电半成品在安装于建筑物指定位置之前，要经过转运过程，如果不利用运输或者无法通过建筑物的空间达到指定位置，预制是无效的。因此，有一些大尺寸静压箱的预制需要建筑物运输通道允许的空间，短管的长度要考虑运输的便携性，如果在运输上花费较大的代价，预制就得不偿失了。

④ 定制性。相较于制造业，建造业的非标性程度还是偏高的，施工现场必然无法避免一些定制的非标机电产品，有定制性的产品是可以考虑预制的，尤其在安装空间和操作空间有限、安全系数较高的情况下。

3）加工制作要求。

预制加工的产品必须符合风管制作的规范要求，如法兰制作的允许偏差、咬口形式、加固要求等，不得因预制造成的偏差导致装配出现缺陷，影响成品质量。

2. 风管预制装配的主要流程

风管预制装配的主要流程为：

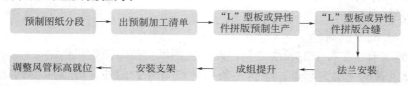

3. 分段和料单

风管由一段段一节节构成，中间用法兰连接件或风管管件组成，预制生产必须划分为一段段的，成为直管标准节或管件异形件。根据镀锌板卷材的宽度和法兰连接方式需要的翻边尺寸确定标准节的长度，然后进行标准节的分段。异形件根据空间距离和相关规范的参数确定，阀门、软接、附件、末端风口根据产品的实际尺寸和对接要求的尺寸等确定分段分节。

（1）直管标准节确定

根据不同的风管类型和风管管径，需选择不同厚度的材料来加工，而不同的材料又会导致预制加工的风管标准节长度不一。例如，厚度为 0.7～1.2mm 的风管材料，其边长（d）为 1500mm，则预制加工的风管标准节为 1410mm，而厚度为 0.5、0.6、1.5mm 的风管材料，其边长（d）为 1220mm，可预制加工的共板法兰风管标准节为 1130mm，因为在裁剪和折边的时候会产生翻边损耗。标准直管长度＝板宽（1500/1240/1220mm）－两头接口长度损耗量（共板法兰或角钢法兰不相同）。如 1250mm 镀锌板，可预制加工的风管标准节为角钢法兰连接 1240mm 标准节，共板法兰连接 1160mm 标准节。

（2）非标节及异形件的确定

在实际预制分段中应尽量使用标准节，无法避免的短管或超长管段，统称为非标节。

1）短管分节。

工厂预制中对短管的要求是最短大于等于 200mm，在所有的预制加工中的管段，都要考虑加工厂最短可预制的管段大于等于 200mm 这个限制条件，则对图纸中相应的管件要提前调整。

2）阀门附件处短管分节。

通风系统上的各类风阀阀门有产品的固有尺寸，且都有与墙的距离要求，图纸上的位置和尺寸不一定与实际相符合，因此，必须重点复核阀门处的风管短管。如防火阀必须满足距墙≤200mm，阀门尺寸大小为常开阀门 210mm，常闭阀门 320mm。根据这些信息调整阀门的位置和空间占用，然后再决定连接风阀两边的风管分段的短节长度。其他附件，如消声器、软管等类同。

3）超长短节分节。

对于一些穿越墙体的管道，法兰连接处是不允许放在墙体内的（如 1000mm 厚的核心筒轻体），则需要定制风管超长段节，保证一节管段能完全通过洞口，避免工人现场施工时安装的不便。

4）异形件。

对于异形件，应在分段时结合图纸确定其实际尺寸，以满足现场施工和制作加工。管件可标注好各部分的尺寸，指导工厂加工。有些连接方式处需要增加盲板和导流片，安装需要做内双骨等内容。

（3）图纸上的分段划分

确定了标准节、非标节的长度之后，即可在图纸上按照规则进行划分。

1）选择风管的一端为起点，绘制一条与标准节等长的线，阵列后得到如图 3.4-1 所示绘制分段线，待确定法兰的插入点位，然后插入法兰，如图 3.4-2 所示。

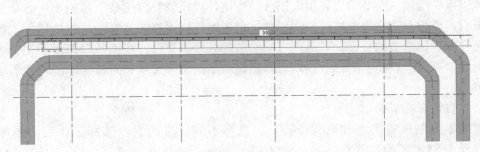

图 3.4-1　绘制分段线

2）为了便于统计，需标注非标管段、弯头、变径的长度弧度等，便于后期统计数据。

3）对预制分段中不同管段和管件颜色的设置。导出图中各种风管系统标准节按颜色区分设置，非标节调为蓝色，蝶形三通为青色，变径为黄色。通过这样的颜色设置，达到对不同管段的分类，易于辨别和分类统计。

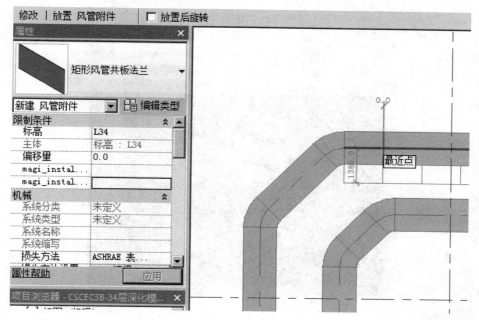

图 3.4-2　按分段线插入法兰

4）对预制分段好的管段编号。在 CAD 图中分系统、管径、管段对应编号，这样在料单的统计中能对应上每个管段的系统、管径、长度和是否需要添加盲板之类的备注。

（4）料单统计

完成分段工作之后，即可进行料单的统计工作。

4. 布料

布料是将料单通过软件转化为镀锌薄钢板原材料的可以用于机器流水线生产的数据。风管的布料可通过布料软件来完成，同时也可以辅助之前的风管分段工作，推荐主流的风管布料软件 AUTODESK 的《Fabrication CAMduct》（以下以 2014 版为例，见图 3.4-3、图 3.4-4）。

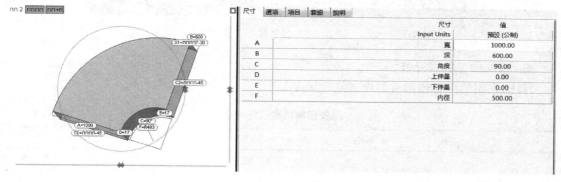

图 3.4-3　料单生成

Fabrication CAMduct 软件布料之后，可生成与机器联结的可执行文件，输入至机器生产（图 3.4-5）。

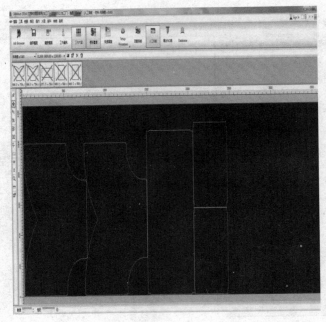

图 3.4-4 布料

图 3.4-5 设备操作界面

5. 预制加工机器设备

目前采用的风管预制机器设备见表 3.4-1。

风管预制机器设备列表

表 3.4-1

应用部位	序号	名称	功能	产出产品
直管段	1	全自动五线制生产线	下料、压筋、冲孔、翻边、折弯	标准节、非标准节直管"L"板
异形件管件	2	等离子切割机	异形件切割	异形件拼板
	3	翻边机	翻边	具有翻边的异形件拼板
	4	折弯机	折弯	折弯的异形件拼板

应用部位	序号	名称	功能	产出产品
法兰	5	共板法兰机	加工成共板法兰接口	共板法兰拼板
	6	角钢法兰钻孔机	为角钢法兰钻孔	角钢法兰

直管段的加工主要采用五线制全自动风管生产线，包括：开卷机、主机（校平、压筋、冲角、切断）、机械手抓料定位传送平台、双机联动共板式法兰与角钢法兰机、联动送料平台与液压折方机（图 3.4-6）。

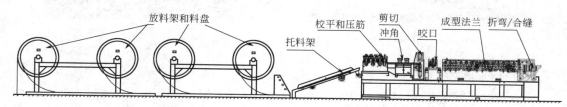

图 3.4-6　五线制全自动风管生产线

异形管件的加工不能通过流水线获得，以共板法兰为例，目前采用以下流程：

异形件等离子切割机切割 ➡ 多功能咬口机咬口 ➡ 共板法兰成型机加工法兰 ➡ 折弯机折弯 ➡ 异形件拼版

等离子切割是利用高温等离子电弧的热量使工件切口处的金属部分或局部熔化（和蒸发），并借高速等离子的动量排除熔融金属以形成切口的一种加工方法。通过数字精确控制切割长度，等离子切割机对镀锌薄钢板的加工厚度可达 $0.2\sim6mm$，最高切割速度可达 $8000mm/min$，高效智能。

6. 风管半成品打包运输

加工完的半成品集中堆放，即可打包运输至指定位置。如果"L形"风管使用小型手动推车搬运，直接连同小车进入施工电梯，运送距离不宜过长，其次，做好半成品的保护。在条件具备的情况下，可以采用大吊篮，用塔吊一次性吊装一定的风管半成品量，节省塔吊资源占用。如果有土建结构预留洞口，可在洞口封闭之前利用洞口吊装半成品材料（图 3.4-7、图 3.4-8）。

图 3.4-7　半成品生产间

图 3.4-8　半成品装笼

由于异形件拼板较为零碎，一般采取在加工厂内拼装后再进行运输，如果不便于运输，可采取在现场拼装（图 3.4-9、图 3.4-10）。

图 3.4-9　异形件拼板

图 3.4-10　装配完的异形件

7. 风管半成品装配

目前机器生产完成的半成品，只能到拼板这一步，如直管段生成的"L"板，异形件的异形板，把异形件拼板装配合成一个矩形的风管管段。在此之后，完成风管管段的相互连接，如法兰形式的连接或焊接形式的连接。最后，风管安装按传统工艺安装到现场指定位置。

加工完的 L 形风管需经过拼接、安装法兰，才能形成成品风管，具体步骤如图 3.4-11～图 3.4-17 所示。

图 3.4-11　L 形风管两两对拼

图 3.4-12　滚边合缝

图 3.4-13　角钢法兰风管安装角钢法兰

图 3.4-14　德国法兰风管安装德国法兰

图 3.4-15　共板法兰安装角码连接件

图 3.4-16　短节拼装整段抬升

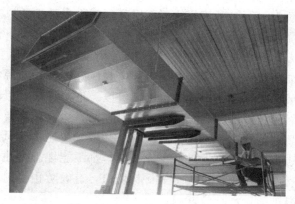

图 3.4-17　安装支架检查标高

8. 风管数字化加工综述

风管预制加工在探索中前进，已经凸显了其相对于传统机电安装的绝对优势。对工程质量、安全和经济效益等几方面有如下优点：

（1）大大提升了工程质量。预制加工工厂因为采用流水化作业、标准化生产，严格控制风管材料的裁剪尺寸，降低了偏差，提高施工质量。

（2）缩短现场施工工期。工厂化预制将部分施工任务搬离了施工现场，在现场机电工作面还没有的时候预制即可提前开始，并且大幅度提高构件制造的生产效率，对于工期紧、任务重的机电安装工程可节省较多的施工工作时间。

（3）减少了安全事故发生的几率。因大量工作转移到工厂进行，大幅度减少了施工现场高空作业和交叉作业的时间，保证了施工安全，减少了安全事故发生的几率。

（4）节约施工现场的加工场地。工厂化预制将部分施工任务搬离了施工现场，可以减少加工场地对现场的占用。很多项目因场地狭小无法提供加工场地，

（5）减少工程材料不合理的损耗。在预制加工厂内，风管集中加工，自始至终由一个作业组负责下料，做到"量体取材"，避免了现场长管截短、大材小用等现象。做到合理使用和管理材料，节约了材料，降低了成本。

但同时，也带来了投入机械的成本和加工场地的成本，增加了加工厂的日常维护成本，还有半成品的打包、运输、保护成本的增加。

然而，批量化的生产、标准化的运行在长期的运行发展中会促进生产率的提升，推进行业的进展。

3.4.2 新型连接施工技术

随着建造行业的不断进步，工业化转型理念的不断深入，机械化程度的不断提升，行业新材料、新工艺、新设备、新技术的不断向前发展，各种新材料、新工艺、新设备、新技术的不断推广，机电管道的连接技术也出现了革新和发展。

1. 德国法兰风管连接技术

（1）技术背景

金属矩形风管德国法兰连接技术是近几年空调与通风工程中兴起的新工艺，是现阶段国际上先进的风管连接模式，在欧美国家及中国香港、中国台湾地区的通风工程项目中大量使用。随着机械自动化制作加工工艺的不断提高，工程中对于通风空调系统质量要求也越来越高，相对于传统的角钢法兰连接技术，德国法兰连接具有以下优点：①生产线机械化、自动化程度高、大大提高了风管的制作效率及精度；②减轻风管重量，降低材料消耗。减少角钢型材及油漆使用，更环保；③风管密封性好，节约能源，降低运行成本；④安装制作快捷，降低劳动力强度，提高项目施工进度。近些年来共板法兰风管施工技术在建筑行业迅猛发展，然而随着社会的发展，人们对办公、居住环境要求不断提高，系统对风管的漏风量要求更高，德国法兰连接技术改善了共板法兰连接漏风量较大，抗压不强等缺点。共板法兰的翻边也一定程度上破坏了镀锌层，都不能规避腐蚀的风险。而德国法兰连接件全部由镀锌材料制成，施工过程中无材料切口，有效防止因潮湿等造成法兰部位生锈的现象，减少法兰腐蚀后松动导致漏风风险。

（2）技术要点

1）工艺原理。

德国法兰由 1.2mm 厚镀锌薄钢板压制而成。插入风管后，相当于完成三层薄板连接并采用螺栓（法兰卡子）连接固定（图 3.4-18）。

2）工艺流程，如图 3.4-19 所示。

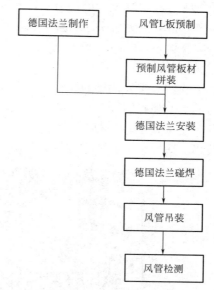

```
德国法兰制作          风管L板预制
                         ↓
                    预制风管板材
                        拼装
                         ↓
                    德国法兰安装
                         ↓
                    德国法兰碰焊
                         ↓
                     风管吊装
                         ↓
                     风管检测
```

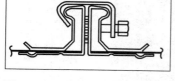

图 3.4-18　德国法兰连接示意图

图 3.4-19　工艺流程图

（3）施工要点

1）德国法兰制作。

将进场验收合格的法兰条切割成统一长度（风管边长－30mm），切割前法兰条要调直，切割时切口垂直。切割完成后，用打磨机将切口磨平。

德国法兰条及角码的选型与规范要求一致：$B \leqslant 630$mm，法兰 T20，角码 T20；630mm$<B \leqslant$1500mm，法兰 T30，角码 T30；1500mm$<B \leqslant$2500mm，法兰 T40，角码 T40。将对应的角码插接到对应的法兰条，组成矩形的德国法兰（图 3.4-20）。

图 3.4-20　德国法兰制作

用角钢制作一个标准简易的固定模具。将法兰角码、法兰条插接固定。对角线测量合格（两对角线之差小于 3mm）后，对法兰四个角码进行碰焊固定。

2）预制化风管拼装。

根据施工图纸将对应预制风管进行组装，拼装过程中不得有镀锌层严重损坏现象，风管板材拼接的咬口缝错开，无十字形拼接的咬口连接缝，风管与配件咬口缝紧密，宽度一致，折角平直，圆弧均匀，断面平齐。

3）德国法兰的安装。

制作完成的法兰插入拼装完毕的风管口，法兰角码连接紧密，要求风管四角无明显孔洞。管口法兰的平整度和利用管口对角线法复核风管是否扭曲。校正完毕后，将风管与法兰进行碰焊固定（在碰焊平台进行）。画线操作，相邻焊点的距离100mm，且间距一致，排列整齐，无假焊、漏焊和不合格碰焊焊点（图3.4-21）。

图 3.4-21　德国法兰碰焊

法兰碰焊固定完毕后，对风管口四角进行打胶处理。风管口打胶平整，密封性良好（图3.4-22）。

图 3.4-22　风管打胶

（4）应用效果

德国法兰一改传统的型钢法兰风管的外观效果，用高标准、自动化的法兰生产工艺代替半机械化或纯手工的法兰制作工艺的生产过程，既降低了噪声及对环境的污染，又减少了工程中的质量通病，给风管的加工制作、安装操作注入了全新的理念，同时改善了共板法兰强度及严密性较差的缺点。

2. 超高层剪力墙管井风管法兰传动连接施工技术

（1）技术背景

超高层建筑由于建筑平面的限制，一般风管管道井位于核心筒内，由于管井尺寸与风管尺寸较为接近，风管管道已紧贴管井墙体，在不足10cm的狭窄空间，风管的安装和风管法兰的连接十分困难，法兰螺栓螺母的紧定质量难以保证，法兰连接风管的漏风量也得不到有效的控制。为了提高这些狭小空间里的螺母紧定质量，采用一种特定螺母紧定转角器传动装置来进行螺母紧定，完成风管的法兰连接（图3.4-23）。

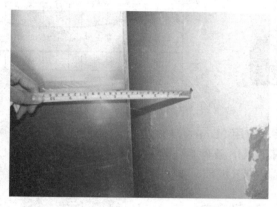

图3.4-23 现场实测实量操作空间

（2）施工工艺

1）转角器设计。

由于操作空间有限，考虑采取一种传动装置进行螺母紧定，可使用螺旋伞齿轮90°换向转角器，通过伞形齿轮进行扭矩传递，达到竖向传动的效果（图3.4-24）。

图3.4-24 概念设计图

按照电动扳手的额定参数，轴传递最大扭矩（T）已知，在轴的结构具体化之前，考虑轴上零件的装拆、定位、轴的加工、整体布局，作出轴的结构设计。在轴的结构具体化之后进行以下受力计算。根据五金手册及轴设计规范查询相关参数计算，选用 $\phi 10$ 圆钢作为传动轴，相应轴承和齿轮尺寸也可通过五金手册进行确定（图 3.4-25）。

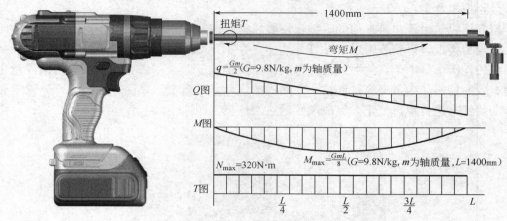

图 3.4-25　轴向受力分析图

根据上述计算结果，使用 3Dmax 软件进行结构设计与施工动画模拟，在满足使用功能的前提下，还必须满足以下条件：①厚度不得超过 30mm（以 L30 角钢法兰为参考）；②美观实用；③便于现场施工携带，如图 3.4-26～图 3.4-28 所示。

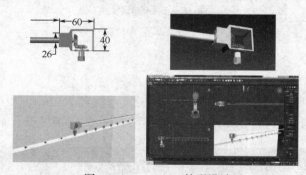

图 3.4-26　3Dmax 外形设计

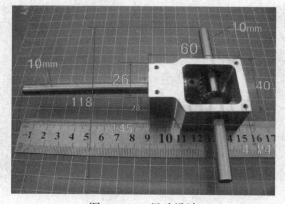

图 3.4-27　尺寸设计

图 3.4-28　装置实物

2）螺栓限位装置设计。

转角器能解决螺栓紧定，但不能解决把螺栓放置在管井内侧指定的法兰孔内的问题，因此还需设计一种螺栓输送限位装置，如图 3.4-29 所示。利用与法兰孔一一对应的螺栓限位钢制卡条装入并托住螺母，进入待紧定的间隙内，使装载螺母的卡条与风管法兰靠近，并用弹簧夹固定（图 3.4-30），在转角器的末端设计磁性的螺母套筒吸住螺母，伸进狭小空间内进行螺母紧固，达到螺母紧定的目的，如图 3.4-31～图 3.4-34 所示。

图 3.4-29　螺栓限位卡条

图 3.4-30　螺母装入限位卡条

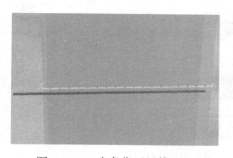

图 3.4-31　卡条靠近风管法兰

图 3.4-32　卡条与风管法兰紧固用弹簧夹

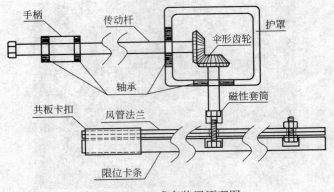

图 3.4-33　成套装置原理图

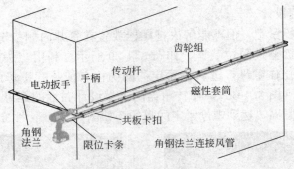

图 3.4-34　成套装置三维示意

3）施工流程。

使用转角器成套装置，首先根据角钢法兰风管的法兰孔距——对应地制作螺母限位卡条，然后将螺母塞入限位卡条，再将装载有螺母的限位卡条伸入管井与风管法兰边用弹簧夹紧固，然后将带有转角器连传动杆伸入管井内靠近法兰，使转角器末端具有磁性的螺纹套筒吸住螺母和垫片，最后使用电动扳手快速紧固。具体工艺流程如图 3.4-35 所示。

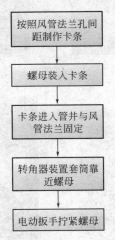

图 3.4-35　转角器成套装置使用流程

（3）实施效果

狭小空间螺母紧定转角器在角钢法兰风管立管管道安装中广泛应用，适用于所有狭小空间风管管线安装的螺母（$\phi 8 \sim \phi 14$）紧定施工。通过现场抽查 20 处（共 2060 颗螺母）法兰连接施工效果，发现螺母紧定率达 100%，无遗漏现象，紧定整齐严密，不漏风。现场实施情况如图 3.4-36～图 3.4-39 所示。

图 3.4-36　现场实施情况（一）

图 3.4-37　现场实施情况（二）

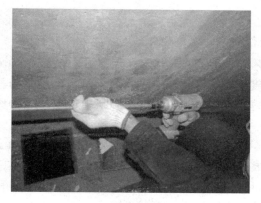

图 3.4-38　现场实施情况（三）

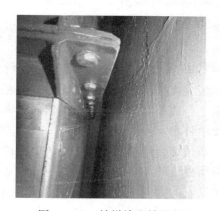

图 3.4-39　抽样检查效果图

超高层建筑在机电功能管道井面积上的不断压缩，使得管道井与管道之间的可操作空间极为紧张，且核心筒内的管井墙体若为剪力墙，则采取管道安装完成再砌筑管井的方法也不可能，对于风管法兰处的连接以及后续风管保温、楼板处的封堵都成为一个难题。传动装置可解决一部分的问题，降低了一定施工难度，保证了施工质量和安装效果。

3.5　超高层建筑设备移动吊笼吊装技术

3.5.1　技术产生背景

垂直运输是限制超高层建筑施工安全和进度的主要因素之一，尤其

扫描以下二维码可观看视频

超高层建筑设备移动
吊笼吊装技术

是对于 600 米级超高层建筑，如何保证材料及设备有组织地运输至施工区域，是项目生产策划的重点。在生产实践中，我们采取了综合性移动吊笼的方法，即针对不同材料特点定制吊笼，将材料打包吊运，有效提升塔吊的利用效率，提高综合垂直运输效率。图 3.5-1 所示为定制的机电零星配件、风管吊运用吊笼。

(a)   (b)

图 3.5-1　吊笼

对于 600 米级超高层建筑，机电设备多，其中有变压器、水泵、冷水机组、空调机组、板式换热器等众多机电设备，需吊装高度高，垂直运输难度大。大型机电设备的垂直运输已经成为制约机电施工质量及效率的关键因素之一。下面以大型机电设备吊装为例阐述该项技术。

塔吊结合卸料平台作为一种常见的垂直运输方式被广泛应用，然而目前施工现场土建单位所搭设的卸料平台承载仅为 3~5t，而很多大型机电设备重量达 10t 左右，使用施工现场已有的卸料平台无法满足运输需求。对于超体量的大型设备，专门搭设超重卸料平台，针对不同楼层设备运输，需搭设拆卸多次，导致施工效率较低。

针对超高层建筑机电设备体量较大，提出了一种采用移动吊笼进行设备吊装的方法，仅需一次制作设备吊装用特制吊笼即可，不需另行搭设卸料平台，不需要进行重复搭拆。解决了目前众多超高层建筑中面临的大型设备吊装难题，确保了施工质量和安全，节约了人力物力。

3.5.2　实施过程要点

1. 整体实施流程

移动吊笼法吊装工艺流程如图 3.5-2 所示。

首先，根据所要吊装的设备进行吊笼的设计及制作（对于同一项目，可选择最大体量的设备来设计吊笼，即可满足其他所有设备吊装要求），利用力学计算软件进行受力计算及校核，确保吊笼、吊索等设计的合理安全性。

在施工准备阶段，通过 BIM 技术动态模拟施工过程，进一步对其进行合理优化。

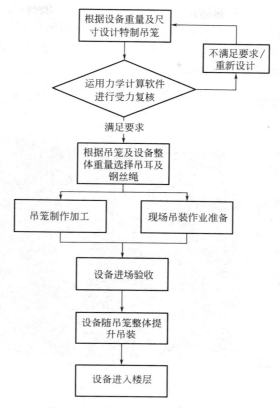

图 3.5-2　移动吊笼法吊装工艺流程

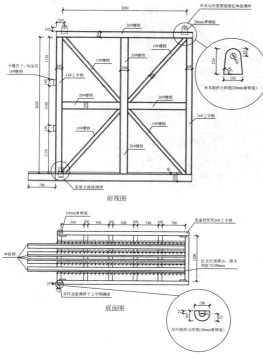

图 3.5-3　吊笼尺寸设计

吊笼制作加工完成后，使用施工现场已有的塔吊等起重机械将吊笼及所装载重型设备装置整体提升到需要安装设备的楼层边缘。打开吊笼门，牵引设备自身在摩擦力的作用下使其随导轨上的地坦克一起滑动与吊笼分离，从而进入楼层。

2. 吊笼选型设计

根据设备尺寸及重量，合理地设计特制吊笼尺寸及所使用型钢，吊笼的尺寸可根据同一项目中最大的设备进行选择，即可满足所有设备吊装需求；运用力学计算软件对吊笼进行受力分析，验证其强度、刚度、稳定性及变形位移，确保吊笼选型合理安全；在吊笼底座内合理地设置导轨，可供地坦克沿着导轨滑动，从而带动设备移动（图 3.5-3、图 3.5-4）。

3. 基于 BIM 的虚拟仿真模拟

利用 BIM 的三维建模技术及专业受力分析软件进行吊装过程中的受力变化分析,在施工前确定合理且安全的吊装方案。在吊装过程中进行模拟画面与现场实际的对比分析,确保现场吊装作业的效率和安全(图 3.5-5)。

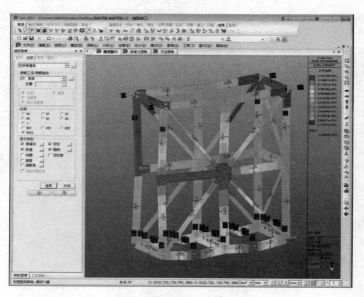

图 3.5-4　吊笼受力校核计算

图 3.5-5　虚拟仿真模拟

4. 吊装实施

在吊笼底座导轨上放置地坦克,塔吊将设备吊起,直接落在地坦克上,设备底座有钢平台(或设备随包装箱一起吊装),可以保证设备在钢板上的稳定性。

使用施工现场已有的动臂塔吊将吊笼及所装载重型设备装置整体提升,整体落在楼层边缘,使其平稳停靠,此时吊笼上部仍为塔吊吊钩所吊住。

打开吊笼门,通过牵引设备使其随着地坦克在导轨内的滑动从吊笼进入楼层内。

126

设备完全进入楼层后水平转运过程中，吊笼即返回地面进行下一台设备的吊装准备（图 3.5-6）。

图 3.5-6　吊笼法实物图

3.5.3　注意事项

（1）正式吊装作业前，用未放置设备的空笼子进行试吊，并模拟吊笼停靠在楼层边缘及完成各种固定措施，进行实战演练。

（2）吊笼制作完成后，使用 1.2 倍设备重量荷载进行试吊，持续 15min，反复两次，观察吊笼无明显变形合格方可进行下一步试吊工作。

（3）吊装过程中根据实际设备重量进行分析，控制进入楼层的速度，以合理的卸载速度保证过程的平稳。

（4）吊装前，提交吊笼及设备荷载参数至原结构设计单位，对楼板边缘结构受力进行复核，确保满足要求后方可实施。

3.5.4　实施效果

（1）确保施工质量，安全可靠。

本技术所使用的吊笼经过力学计算软件进行受力计算分析，同时对吊笼焊接质量进行严格的检查，吊装过程中采取多种安全防护措施，确保吊装安全可靠。

（2）缩短工期，加快施工进度。

不需要专门搭设超大荷载的卸料平台，只需根据设备尺寸及重量制作吊笼；对于不同的楼层，吊笼可重复利用，过程中不需要搭设及拆卸，极大地提高了工作效率，确保施工进度。

（3）降低成本，增加效益。

节省材料不低于 40%，和传统方法比较，节约成本约 70%。

超高层建筑设备垂直运输是整个机电工程施工中的重点，本技术解决了目前众多超高层建筑中面临的大型设备吊装难题，可以为其他类似项目提供参考。经过几个项目的实践，均取得了不错的效果。

3.6　机房装配化技术

3.6.1　技术背景

大力发展装配式建筑已成建筑业发展的必然趋势，全面实现预制装配化建筑施工技术，机电安装领域预制装配化施工技术研究显得尤为重要。机房作为建筑的"心脏"，为建筑提供"动力"和"血液"，其施工质量及施工进度也是保证机电系统完善的关键因素。机房装配化技术的提出，有利于从技术、进度、质量、安全及成本等全方位提升机房施工水平。

扫描以下二维码可观看视频

深圳华润制冷机房
预制装配记录

3.6.2 工艺流程

机房装配化施工工艺流程如下：

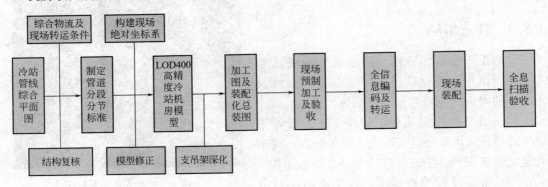

3.6.3 技术内容

1. 机房模块化设计

在设计阶段，利用计算机三维建模技术与虚拟建造（VC）技术，对实际建造过程予以本质实现。制定模块化分段技术体系，并对其进行空间管理。将中央制冷机房千余个构件按五大模块类型划分，分别为制冷机组进出水支管模块，水平干管模块，水泵进水模块，水泵成排出水模块及支架分节模块，按照同一类型的设备进出口进行管节划分，如冷机/水泵/板换的接口水平管＋进出水侧竖向分节＋主干管分支水平管为一组。预制单段管节应尽可能控制在常规形状，如水平/竖直管段，带有弯头数量也不宜超过 3 个，以便于控制（图 3.6-1、图 3.6-2）。

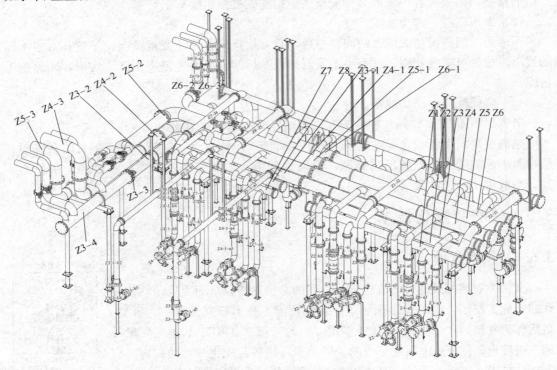

图 3.6-1　机房管道分段编码

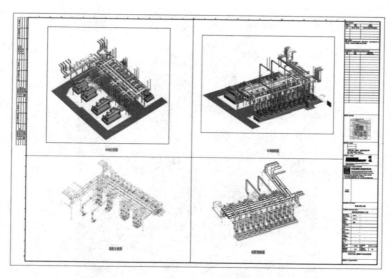

图 3.6-2　机房管道总装配图

2. 基于图形管理的全预制加工技术

利用 SOA（Service-Oriented Architecture）技术为依托的预制生产系统实现对各类构件实际生产的有效管理。通过对加工设备的数控系统进行改进，对 BIM 模型进行数据化处理，将文件信息全面解析为数据信息。在预制化加工中，计算机管理的生产系统主要有全自动焊机、相贯线切割机、自动坡口机等，通过相应的数控加工接口软件，实现模型数据与自动化生产线的无缝衔接。采用自动化生产线读取加工件数据，足以精细到每个螺栓孔的定位，实现精确加工（图 3.6-3、图 3.6-4）。

图 3.6-3　八轴相贯线切割

图 3.6-4　自动化焊接

3. 二维码物资供应链及物流配送管理技术

为实现对构件实施全过程跟踪管理，研发了二维码物资供应链追溯系统，通过 SQL SERVER 数据库将物流保障系统同工程数据管理系统有机连接到一起，对构件信息编码执行快速有效的存取操作，并为构件设置对应的射频识别电子标签，起到准确标记的效果。在提供二维码标签的同时，实现关键数据可视化，如系统、编号、上下游关系等，工作人员无需扫码可直观地了解各构件间上下游连接关系，实现指导工作人员快速识别装配部署（图 3.6-5、图 3.6-6）。

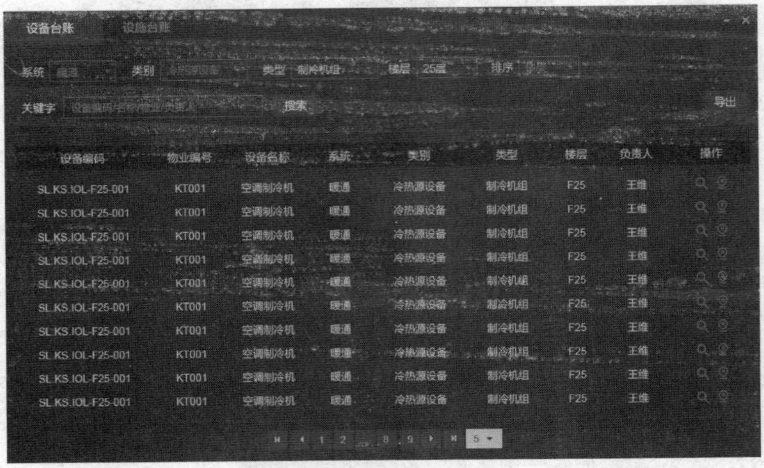

图 3.6-5　现场数据通过二维码定点上传功能界面

图 3.6-6   二维码指导快速装配

4. 模块化单元的装配技术

在整体规划与设计过程中，基于 BIM 模型进行组装测试，将各个预拼装段和相应的模块可行性研究，将组装的过程与流程进行试验与动画模拟分析，反复与现场的实际情况进行比较，使之能够保证满足现场施工的环境。研发运用成排管道整体提升与自动耦合技术，利用支架自动耦合器与支架连接板，连接支架横担与支架立柱，通过提升支架横担上焊接的吊装环，达到管道整体提升。在管道提升过程中，在支架自动耦合器以及底座滚轮的共同作用下，两侧支架立柱自动内收，直至垂直，实现成排管道整体支撑与自动耦合。采用一种配合叉车可 360°旋转的管道提升装置，管道从水平到竖向以及固定、提升整个过程，都在地面完成，由机械代替人工作业（图 3.6-7～图 3.6-9）。

图 3.6-7   模块化快速拼装施工

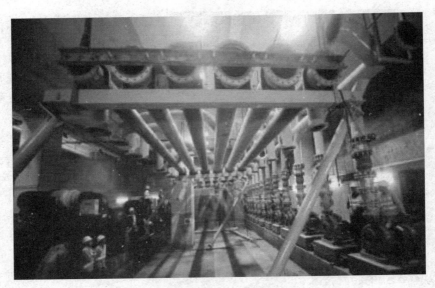

图 3.6-8　成排管道整体支撑及自动耦合体系

图 3.6-9　一种配合叉车可 360°旋转的管道提升装置

5. 装配机房的高精度测控关键技术

利用测量机器人与 BIM 技术的结合，将设计坐标、尺寸在施工现场的精确定位，实现机电管线的精确放样（精度可确保在±1mm）。通过全息扫描技术，记录目标物体表面若干数量的密集点所对应的三维坐标等多个相关信息，在极短时间内完成对目标的复建，得到所需的三维模型，同时获取包括线、面、体在内的一系列重要的图件数据。测量所生成的点云数据通过计算机处理后可形成真实模型，通过测量模型与设计施工模型进行比对，确保偏差可控（图 3.6-10、图 3.6-11）。

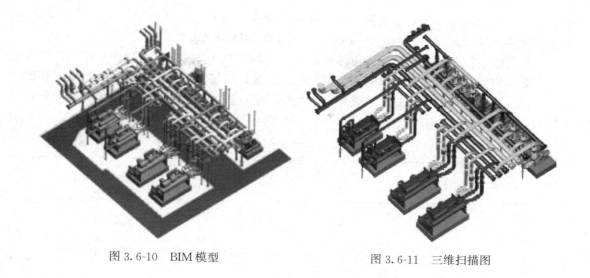

图 3.6-10　BIM 模型　　　　　　　　　图 3.6-11　三维扫描图

3.6.4　技术关键点及控制要点

（1）基于 BIM 平台的模块化全预制技术，实现场外制造，设计偏差控制在 1mm 以内，加工偏差控制在 2mm 内。

（2）基于编码云计算系统的物联网管理技术。将每个管道和部件从模型开始追踪，伴随其加工、运输、拼装、使用和维修的全生命过程。

（3）机房模块化的自动耦合集成装配技术。创造出成排管道整体支撑及自动耦合技术、配合叉车可 360°旋转的管道提升技术，实现机械化高效安装，装配偏差控制在 3mm 内。

（4）装配机房的高精度测控技术。运用基于 BIM 平台及测量机器人的机电安装工程施工方法，通过偏差的分析和控制，确保一次性 100%装配成功。测量精度达到 1mm。

3.7　消声降噪技术

600 米级超高层建筑由于投资规模巨大，有广泛影响力，因而对于包括声学性能在内的舒适性方面有着苛刻的要求。同时，其庞大的建筑体量部署着数量庞大复杂的机电设备，布置分散且类型各异，因而在机电系统的噪声污染治理上面临前所未有的挑战。

3.7.1　机电噪声源分布情况

空调系统噪声从产生形式上分为空气动力性噪声和机械性噪声，按噪声发生部位也可分为两大类：设备噪声、风管及部件噪声。

空调设备包括冷水机组、水泵、风机（包括空调机组、风机盘管机组）、冷却塔等，在运行中均可能因为设备振动，压缩机、电机、风叶运转而产生机械性噪声，属于噪声源。风管和风管部件（主要是送风口）的噪声分为涡流噪声（空气涡流产生的气流噪声）和振动噪声（风管及部件振动产生的噪声），属于附加噪声（表3.7-1）。

从民用建筑空调系统的实际运行情况来看，设备噪声（尤其是风机噪声）是空调系统中的主要噪声源。因为大多数空调系统都是低速系统，风管及部件的噪声与风机噪声相比较小，而且由于噪声的叠加是对数叠加，附加噪声值一般不会对风机噪声值的提高产生显著影响。

机电设备噪声汇总表　　　　　　　　　　　　　　表3.7-1

序号	楼层位置	区域	噪声控制标准	噪声源分析	消声降噪措施
1	塔楼	会议室	NC35	设备、管道、人员活动	消声百叶、管道封堵
2		大堂/走廊	NC40	设备、人员活动	设备减振、管道封堵
3		观光层/空中大堂/办公室/展厅/餐饮/咖啡馆/酒吧		设备、人员活动	管道封堵、管道减振
4		电梯大堂/接待处/商业		设备、人员活动	设备减振
5		备餐间、厨房	NC45	设备、人员活动	设备减振、管道封堵
6		空调机房/风机房		设备、管道、人员活动	设备减振、管道减振、管道封堵消声器、吸声墙体
7		后勤工作间/储物间/卫生间		设备、管道、人员活动	管道封堵
8		高/低压配电房	NC65	设备、人员活动	管道封堵、吸声墙体
9		电梯机房	70dB(A)	设备、人员活动	管道封堵、吸声墙体
10	屋面	冷却塔	80dB(A)	设备、管道、人员活动	管道封堵、管道减振、吸声墙体、浮筑地板
11	地下室、设备层	水泵房	75dB(A)	设备、人员活动	管道减振、管道封堵、吸声墙体、浮筑地板
12	地下室	停车库	NC55	设备、管道、人员活动	管道封堵
13		制冷/冷却机房	NC55	设备、管道、人员活动	管道封堵、管道减振、吸声墙体、浮筑地板
14		发电机房	NC55	设备、人员活动	管道封堵、管道减振
15	地下室	配电室	70dB(A)	设备、电箱、人员活动	管道封堵、管道减振

3.7.2 消声降噪控制流程

消声降噪控制流程见表3.7-2。

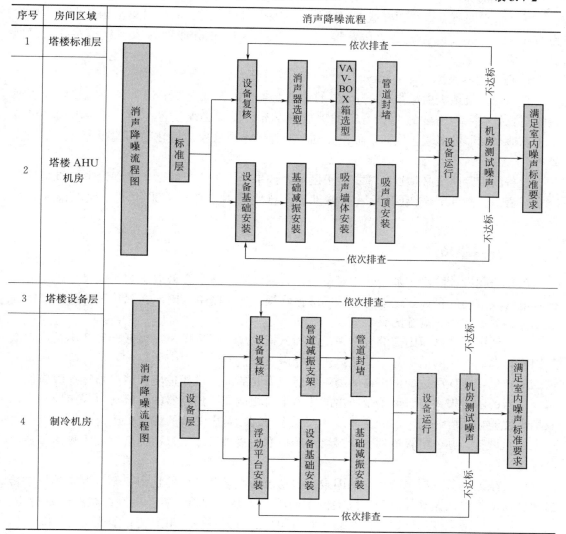

3.7.3 消声降噪控制要点

1. 消声技术

主要对消声材料及设备的技术要求进行重点说明，以利于对整栋大楼消声减振措施的选择及控制。设计要求中相关设备的噪声声级标准必须强制执行，并符合当地环保部门所颁布的噪声控制要求。

2. 隔振技术

主要对隔振装置及柔性接头的制造、安装及调试过程的技术要求进行说明，除特殊设备外，所有机械设备均须配置合适的隔振装置，配置的隔振设备须将机械设备运行所产生的振动减至不会令使用者觉察到的程度。0.1mm/s 的有效值表面振动速度作为感觉限度指标。

3. 吸声技术

在经指定的所有机房顶棚或者墙壁处安装吸声衬垫，适当的吸声衬垫构造由最小密度为 60kg/m³、50mm 厚或者 100mm 厚的矿棉及最小 1.2mm 厚度的 20% 镀锌穿孔板以形成机械保护。

4. 浮筑地板技术

适当的浮筑地板由最小 100mm 厚的浮筑混凝土地板加上 50mm 厚的隔振垫，浮筑地板的空隙处必须用密度为 32kg/m³ 的玻璃棉填充。设备必须放置在浮筑地板上面，设备下需有适当加厚的混凝土底座，而不是通过整体轴承或底座放置在结构地板上（冷却塔除外）。

设备的贯穿路线必须远离浮筑地板区域，如果是不可避免的话，那么设备的贯穿处必须完好密封。如果浮筑地板区域需提供地面排水管时，那么需采用隔振地面排水管的做法。

3.7.4 注意事项

（1）深化设计阶段，基于业主对吊顶标高的要求，通常会采取压缩风管尺寸以实现压缩机电管线空间的目标，这就为今后的减振降噪留下了隐患。因而在深化设计阶段必须向业主等相关方明确该措施的弊端。

（2）消声器选型原则需综合考虑动态插入损失高、再生噪声损失低、尺寸小及成本低等因素，选取相应的消声器。按照风机的噪声及频谱特性和室内的噪声允许标准，确定所需的消声量，应使所选的消声器的消声性能与需要的消声量相适应。消声器选择时应使所选消声器的压力损失与管道系统所需的压力损失相适应。消声器的气流再生噪声应与声源及消声性能相适应。消声器的实际外形尺寸应与实际可供安装的位置相适应。

（3）设备、办公层管道的套管封堵按照标准图集进行施工，避免后期发生噪声传递至办公区域的情况。

（4）减振设备选型主要考虑的因素：振动设备重量及产生的扰力；结构要求的振动传递比、振动位移及振动加速度；隔振体系的固有频率、质心位置及刚度；减振设备材质、类型、刚度、最大变形量、允许荷载、固有频率、自振频率、阻尼比、承载压力范围。

（5）设备层的设备基础、地面采用浮筑地板及底座，降低设备运行过程中的振动传递至标准层，影响办公区域。

3.8　基于数字模拟的超高层室内冷却塔群效能提升技术

3.8.1　研究背景

对于超高层建筑，由于系统受承压所限，冷却塔等设备往往放置于设备层，并通过幕墙百叶与外界空气换热。由于冷却塔是暖通空调系统的重要组成部分，它的布置位置与运行方式是影响其运行性能好坏的关键因素之一，直接影响着空调系统制冷制热的效果。

同时，超高层室内冷却塔的选型设计与布置不当可能会增加设备投资成本，加大机组运行能耗，并在运行过程中产生白雾。

通过 CFD 方法的模拟分析，可以合理排布设备及管道走向，在施工前发现问题、分析问题、解决问题，从而合理配置人工、材料，避免浪费，有效地控制成本。

3.8.2 CFD 模拟分析技术

1. 基于数值模拟的室内冷却塔效能提升关键技术

室内冷却塔效能提升关键技术，主要是利用 CFD 数值模拟仿真技术对超高层室内冷却塔群气流组织和排布进行模拟研究，针对模拟结果进行分析，提出优化方案，以解决技术难题：

（1）高精度可视化设计新方法。将无形的室内空气流的组织形式可视化，分析大空间气流组织及设备进风量情况，改进设备排布位置，优化设备选型，以降低设备投资成本。

（2）基于半封闭式空间的室内冷却塔系统。该系统有竖向风道进风，使外界空气流入半闭式空间之前进行冷却、降低温度，增加空气与循环水在冷却塔内换热的温差，提高冷却塔运行效率；排风系统通过设备出风端风筒有组织地汇集到排风箱集中排出，避免进排短路，设备间运行干扰，进一步提高设备运行效率。

（3）基于湿式冷却塔与干式冷却塔的组合塔群及智能控制方法。融合湿式与干式冷却塔优点，进行了设备改造建议：预设启动模式触发参数（如检测当前环境温度），环境温度自动调节湿式冷却塔与干式冷却塔运行数量，可根据不同季节的环境温度与负荷需求，间歇运行湿式冷却塔与干式冷却塔，可以提高冷却塔的寿命，同时减少电能源浪费。

（4）设计一种翅片式冷却塔风筒。风筒包括圆柱形筒体，其外壁上均匀布置有多个集热翅片，筒体内填充有集热网，该翅片式冷却塔风筒可在高温环境中减少湿热空气通风阻力与返混现象，可在低温环境中加速湿蒸气凝结、减少蒸发水量，并消除或降低冷却塔出口水雾。

对密闭空间内空调冷却塔群气流组织的数值模拟，根据模拟得到的冷却塔群周围气流的流场和温度场，分析主要热量堆积区域，判断冷却塔群周围气流分布的合理性，进行数值模拟，得到每台冷却塔的进出风口的压差，得到合理气流分布时每台冷却塔的风机参数。通过不断反复模拟与优化，最后得到合理的冷却塔周边结构，提高冷却塔换热性能。

2. 冷却塔群气流组织的数值模拟

根据项目要求，首先，要在计算流体力学数值模拟附加建模软件中建立物理模型。然后，对物理模型进行网格划分，不同的区域采用不同的网格划分方式，以便于后面的数值计算。对已经进行网格划分的物理模型进行边界条件设置。最后，把物理模型导入到计算流体力学数值模拟软件中进行计算，得到计算结果，如速度矢量图，速度云图，压力云图，温度云图等。

（1）冷却塔物理模型

根据冷却塔机房平面布置图和单台冷却塔剖面图，得到冷却塔群建立模型的各种尺寸，高 21.6m，宽 65m，长 67.3m。在物理建模时，不可避免地要对实际很复杂的物理结构进行简化。在平面布置图中可以看出有很多管道，但是能影响气体流动的只有三根比较大的管道（冷却水供水管，冷却水回水管，冷却水平衡管）。楼梯井设置为挖空的密封实体，没有气流通过，这部分就直接被挖掉，不在计算区域内。另外四个角进风口考虑进风格栅开孔率的影响，进风面积按照实际面积的50％建立模型，出风口面积同样以实际面积的50％建立模型；冷却塔基础对整个气流组织有一定影响，但是由于实际项目没有确定基础的形式和尺寸，这里模拟进行忽略。由于本课题考虑的是室内冷却塔群的气流组织模拟，即在满足冷却塔运行的情况下对气流组织进行分析，因此冷却塔也是被当成一个挖空的实体。物理模型如图3.8-1所示。

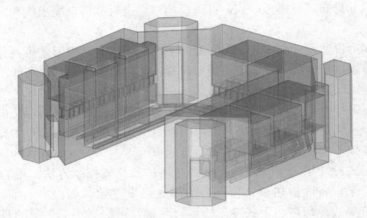

图3.8-1　冷却塔群物理模型

（2）网格划分

网格划分参数见表3.8-1。

冷却塔群气流组织数值模拟网格划分参数　　　　　　表3.8-1

模型区域	网格大小(mm)	网格数量(万)	网格划分类型
冷却塔群内场	节点间隔500，靠近冷却塔与排风管等区域300	120	混合网格

（3）边界条件的设置

边界条件是流场变量在计算边界上应该满足的数学物理条件。而初始条件和边界条件一起称为定解条件，只有当定解条件都确定以后才能求解出流场的解，并且这个解是唯一的。因此想要进行数值求解，首先要定义边界条件。

（4）数值模拟结果分析

通过边界条件的试算，可以得到各个边界条件理想数值。在满足风机通风量的同时，还要达到每个冷却塔风机的余压量。所以下边截取了X轴方向上的$X=-20000$mm处的截面，Y轴方向上的$Y=30000$mm处的截面，Z轴方向上的$Z=9000$mm处的截面的压力分布云图。

（5）优化方案数值模拟结果分析

考虑到室内西侧可添加百叶以增加进风量，电梯井相对塔体进风端可能造成风阻过大等不确定因素，有两种冷却塔安装方案。方案A为西侧冷却塔侧部进风口朝外，而方案B为西侧冷却塔侧部进风口朝内（图3.8-2）。

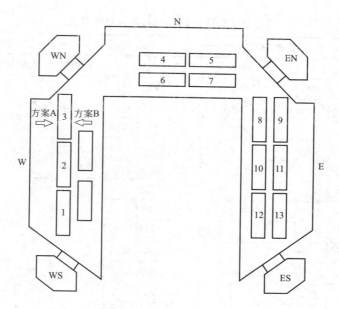

图 3.8-2　冷却塔群安装方案

3. 现场数据测试

选定 1~3 号冷却塔为测试对象，风口布置 6 个点，采用风速仪间隔 10min 分别测三次。测试图片及测试数据对比见图 3.8-3~图 3.8-6、表 3.8-2。

图 3.8-3　现场冷却塔安装图

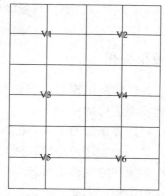

图 3.8-4　测试点分布示意图

图 3.8-5　现场测试图片

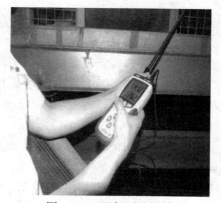

图 3.8-6　现场测试图片

| 现场测试数据与CFD模拟统计数据对比 | | | | | | | | | | | 表 3.8-2 |

冷却塔现场测试数据									单位 m/s	模拟统计数据值	相差比率
项目	第一次测定			第二次测定			第三次测定		平均值	统计平均值	百分比(%)
	V1	V2	V3	V1	V2	V3	V1	V2	V3	统计平均值	百分比(%)
1号塔	4.11	4.09	4.13	4.12	4.10	4.13	4.09	4.11	4.12	4.11	4.15	0.97%
	V4	V5	V6	V4	V5	V6	V4	V5	V6			
	4.13	4.10	4.11	4.10	4.11	4.12	4.14	4.11	4.09			
	第一次测定			第二次测定			第三次测定		平均值	统计平均值	百分比(%)
	V1	V2	V3	V1	V2	V3	V1	V2	V3			
2号塔	3.97	3.96	4.00	3.98	3.97	4.11	3.99	3.98	4.11	4.00	3.97	−0.75%
	V4	V5	V6	V4	V5	V6	V4	V5	V6			
	3.99	3.97	3.98	4.10	3.96	3.98	4.10	3.98	3.99			
	第一次测定			第二次测定			第三次测定		平均值	统计平均值	百分比(%)
	V1	V2	V3	V1	V2	V3	V1	V2	V3			
3号塔	4.21	4.23	4.25	4.23	4.21	4.25	4.19	4.18	4.26	4.22	4.23	0.24%
	V4	V5	V6	V4	V5	V6	V4	V5	V6			
	4.25	4.21	4.22	4.24	4.24	4.23	4.25	4.20	4.17			

从表 3.8-2 中可以看到，现场测试数据与 CFD 模拟统计数据对比，相对现场数据得到相对比率在 1% 以内。

3.8.3 效果分析

冷却塔群气流组织模拟的方法处理关键部位。在 CFD 的附加软件中建立物理模型，然后对物理模型进行网格划分，并且不同的区域采用不同的网格划分方式，形成混合网格。然后进行边界条件的设置，根据已有的冷却塔资料以及实验试算可以得到比较理想的边界条件。最后把物理模型导入到 CFD 软件中进行计算，最终得到相对合理的计算结果。

空调冷热源和空气输送系统对空调系统的使用效果和空调房间内的空气品质、舒适性等有着直接的影响。因此，空调系统在投入使用前对空调冷热源和空气输送系统运行效果的预测十分重要。

以放置室内冷却塔群的设备层为研究对象，根据设备层、机组群的实际结构尺寸分别建立各机组群的三维 CFD 计算物理模型，分别对机组群在运行状态下设备层内的空气进行了数值模拟计算，得到设备层内空气流场分布情况，并对数值模拟结果进行分析。针对机组群设备层内气流组织方案的不足提出了优化方案，发现改进效果较明显。

通过数值模拟研究，得到了以下结论：

(1) 提出的一种"CFD 虚拟模拟法"应用于工程设计论证、施工优化方案都起到了指导作用，弥补了以往传统以经验设计为主的不确定性等缺陷，并成功推广应用到多个项目，具有科技进步意义。

(2) CFD 气流组织模拟借助 FLUENT 平台，将无形的空气流进行可视化，无形化有形，在空调系统设计过程中对设备排布、气流组织的合理性提供了理论依据。

（3）通过对室内冷却塔群周围气流组织的分布进行模拟与分析，采用"有组织排风"的方法可以改善机组设备层内的气流组织情况，将机组群的高温排风在排风管和排风箱的组织下能够顺利排到室外，有效地阻止了高温排风的返混，室外的气流也能够顺利地进入设备层内。

（4）城市建筑体内进行冷却系统设备设计与排布具有可行性，不仅在建筑体外空间设计理念与使用效果上进行了充分考虑，而且避免了建筑体外部设备影响城市化美观。

（5）投资成本及后期运营降低。通过数值模拟技术对室内冷却塔气流组织进行模拟研究，改进了设备排布位置的合理性，优化了设备选型，提出了设备改造建议方案，最终节约了投资成本，后期运营能耗也随之降低。

3.8.4　发现、发明及创新点

（1）首次提出了超高层室内冷源机组群布置设计新方法与施工新技术。通过数值模拟仿真技术应用，对于室内机组群周围气流组织模拟分析，有助于设备选型和设备工艺改进，达到节约投资成本，提高机组效率的目的。

（2）首次提出了"有组织排风"技术。解决超高层建筑室内冷源机组群排风返混难题的新方法与新技术。室内冷却塔出风口排风经风筒集中汇集到排风箱集中排出，避免了设备间运行干扰，降低了气流返混率。

3.9　超高层电梯活塞效应控制技术

3.9.1　技术背景

活塞效应（Piston Effect）指在井道内高速运行的电梯轿厢，会带动井道中的空气产生高速流动，类似汽缸内活塞压缩气体的现象。当电梯轿厢在井道内高速运行时，井道内的空气原为静止，因轿厢的冲击，产生气压差，电梯运行方向上为正压，反向为负压。此时通过井道和轿厢之间空隙的空气流速会大大高于电梯的运行速度，造成额外的噪声和抖动现象（图3.9-1）。

活塞效应的影响：

（1）引起电梯运行噪声；

（2）引起电梯振动；

（3）火灾时会将火苗或浓烟引入其余楼层；

（4）对井道墙体形成压力。

对于可能发生噪声的现象，可以通过增加导流罩来缓解。但是如果需要从源头解决活塞效应的影响，还是需要依靠井道设计、泄压孔来解决。通过相应的技术限制条件，通过对泄压孔方案进行分析。电梯井道的泄压孔可有效提升电梯乘坐的舒适感及减少活塞效应。超高层建筑大部分的井道为单井或者两台电梯通井，活塞效应将会是一个难题。

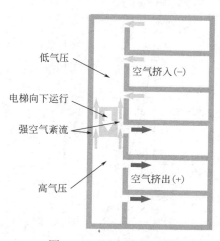

图3.9-1　活塞效应示意

3.9.2 活塞效应

基于电梯乘坐舒适感分析系统，活塞效应将在井道比率超过一定极限值后产生，而这又恰恰取决于电梯速度。

一般情况下，单井道电梯速度大于等于 6m/s、通井道电梯速度大于等于 7m/s 时，需要考虑活塞效应的影响。600 米级超高层电梯速度一般都会达到此限制，以深圳平安国际金融中心为例，塔楼 VIP 电梯速度为 10m/s，必须考虑活塞效应的影响并采取相应的控制改善措施。

3.9.3 改善措施分析

尽量采用通井道的设计，如果一定需要采用单井道，则井道的面积与轿厢平台面积的比值需要符合一定比例。若无法设置足够大的井道，在单井道的顶层和底坑各设有大孔通向室外，孔的面积最好等于 1.5 倍以上的轿厢地台面积。通气孔连接的空间最好有 5 层以上的井道空间让空气散逸。

分析在共用井道情况下，采用单井道设计和井道间开泄压孔两种方式下，空气流动的方式。可以很明显地看出，开完泄压孔后，每个泄压孔分散了电梯运行方向所产生的高气压，可以很好地缓解活塞效应。不过这可能会导致泄压孔发出啸叫声。所以应优先考虑保持通井道，采用井道分隔梁分割井道，并用于安装导轨支架以固定导轨。

泄压孔尺寸的设置规则如下：

井道上部泄压孔面积≥0.5×井道面积

井道底部泄压孔面积≥0.5×井道面积

井道中间附加泄压孔泄压孔面积＝A_1＋……＋A_i≥0.5×井道面积

图 3.9-2 为 4 种情况泄压孔设置方案后的活塞效应分析曲线图：

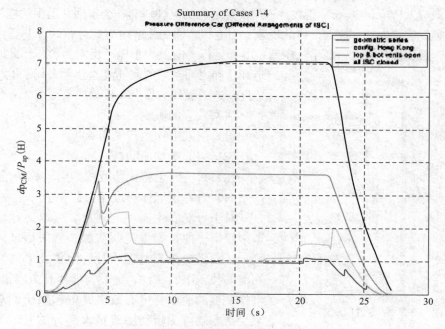

图 3.9-2　活塞效应分析

单井道的电梯活塞效应必定会产生。减少活塞效应可以采用风管连接两个井道或者井道之间设置通气孔来解决。

综合分析，针对 600 米级超高层的电梯活塞效应，采取以下应对措施：

（1）客梯群组采用连通井道，并使用分隔梁分割井道；

（2）针对消防电梯或其他无法避免的单井道情况，采用当地消防局认可的泄压孔设计；

（3）针对噪声的控制，可以设置电梯轿厢导流罩降低噪声。

深圳平安国际金融中心 10m/s 运行速度的电梯，在解决活塞效应方面采用了导流罩与泄压孔配合使用的措施。

3.9.4 实施效果

通过活塞效应（风压）模拟噪声分析。所有数值都是按照最大化极端情况设置。

没有泄压孔的噪声水平明显高于有泄压孔的情况。

深圳平安国际金融中心电梯投入运行后，整体噪声控制满足要求，电梯运行平稳，舒适性较好，活塞效应得到了有效控制。

3.10 大管道冲洗及预膜技术

3.10.1 技术产生背景

空调水管道系统安装完成后，管道内的杂物存留比较多，一是因为管道安装前，没有做好内壁清理工作，管内会存留铁锈、泥土等杂物；二是因为空调水管一般采用焊接连接方式，管道里面的焊渣、金属颗粒比较多，只有去除这些污垢，才能恢复机组的设计效能，保障系统长期安全稳定运行。

空调工程供、回水管用无缝钢管焊接或镀锌钢管丝接而成，在施工过程中，管道连接、下料时电、气焊，气割，现场管道上制作挖眼三通、缠绕麻丝等施工方法都会将焊渣、氧化皮、气渣、麻丝等带入管道，同时空调管道内存在受潮生锈等。

管道如不及时进行彻底冲洗，杂质长期停留在运行的系统中将会堵塞管道或是堵塞在空调机组、新风处理机组及风机盘管的表冷器内，造成系统内水的流量、流速下降，从而直接影响换热效果，造成系统整体效果下降。因此，系统在运行前、试压合格完成后，必须将整个系统进行冲洗，将管道中的杂质冲出。

对于 600 米级超高层建筑，空调水系统管道规格大，加之冲洗中对流速的要求，整体冲洗用水量大，冲洗难度高。以平安国际金融中心为例，该工程空调水管道冲洗包括乙二醇管道冲洗、空调冷却水管道冲洗、冷冻水管道冲洗。其中乙二醇管道位于地下四层、三层，最大管径为 DN800；冷却水管道位于地下室制冷机房至 6 层冷却塔机房范围，最大管径为 DN1200；冷冻水管道分为裙楼与地下室部分、塔楼 1 区至 7 区，最大管径为 DN700。

3.10.2 实施过程要点

1. 冲洗标准要求

冲洗采用干净的自来水连续进行冲洗，水源采用临时生活水作为水源，首先进行重力冲洗，然后进行闭式循环冲洗，循环冲洗应严格计算选择杂质的悬浮速度、启动速度和移动速度，最终确定冲洗速度，一般不得低于 1.5m/s。当出水口处颜色透明度与入水口的颜色基本一致，无泥沙、锈水、焊渣、杂物、水流无异常声音时，用白绸深入水中无污渍，冲洗合格。物理冲洗达到现行国家标准《通风与空调工程施工质量验收规范》GB 50243—2016 中对系统水质的验收要求：冷热水及冷却水系统应在系统冲洗、排污合格（目测：以排出口的水色和透明度与入水口对比相近，无可见杂物），分段压降符合设计要求；化学-水质要求达到《采暖空调系统水质》GB/T 29044—2012 的规定。

2. 系统冲洗水量及需要时间计算

以深圳平安国际金融中心项目冷却水系统为例，简要介绍冲洗水量计算。冷却水管道安装范围在 B3 层与 L6 层之间，管径从 $DN250 \sim DN1200$，基载主机系统容积大约 $580m^3$。采用一根 $DN100$ 的水管从 B3、L6 层两个补水点同时对系统进行灌水，按流速 1m/s 计算，灌满需要 11h。排水采用一根 $DN200$ 管道，排水点设置在 B3 层的最低点，按流速 1m/s 计算，排水也需要 11 小时。双工况主机系统容积大约 $700m^3$。采用一根 $DN100$ 的水管从 B3、L6 层两个补水点同时对系统进行灌水，按流速 1m/s 计算，灌满需要 5.5h。排水采用一根 $DN100$ 管道，排水点设置在 B3 层的最低点，按流速 1.5m/s 计算，排水需要 14h。排水需求为 $43m^3/h$。

循环冲洗中采用水泵作为冲洗的原动力，水泵的选型应满足冲洗流量和管道内水流速的要求。在平安国际金融中心项目中，冷却水系统利用的是 B3 层冷却水泵作为冲洗的原动力，因冷却塔是在开放式环境内安装和放置，塔体的水盘积存了比较多的杂物，因此首次冲洗时，应当对冷却塔水盘垃圾清理一遍，然后才能向系统灌水。本系统最大管道为 $DN1200$，按照冲洗要求管道流速不能低于 1.5m/s 计算，全开式冲洗的给水排水需要满足 $1.7m^3/s$ 的流量，几乎不可行。因此，只能采取闭式冲洗＋边冲边补边排的方式进行。

为此，针对该类型项目进行大管道冲洗时，应优先选择提前接通正式用水，使用正式供水系统进行冲洗，否则，为保证冲洗进度及流速控制，可以设置大容积水箱作为水量存储和中转站。

3. 冲洗前置条件

（1）各管道系统安装工作结束且符合设计图纸、设计文件的要求。

（2）各循环水管网、设备安装完毕，管路水压试验合格。

（3）冲洗前需做好准备，检查各系统功能是否完善，外观检查是否有质量问题，保证阀门及设备不被冲洗损坏，并有助于运行期的维修。

（4）制冷机组、空调机组、新风机组、风机盘管及板式换热器等设备等不准进入冲洗范围。对此部分设备应接临时冲洗管（或使用原设计旁通管），将设备进出水管直接连通。

（5）电气系统施工完毕，并有冲洗需要的正常电源接入，空调水系统循环水泵具备运行条件。

（6）冲洗用的水源接入点处于待用状态，水源充足，水质符合要求。

（7）冲洗排水管网已经修建完善并能够有效地投入使用。

管道冲洗流程如图 3.10-1 所示。

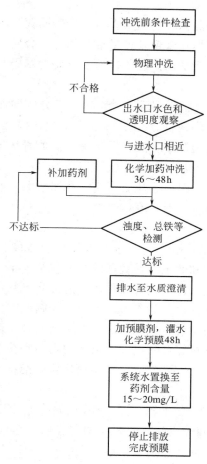

图 3.10-1　管道冲洗流程

4. 物理冲洗

以深圳平安国际金融中心制冷机房冷冻水系统为例说明冲洗步骤：

（1）冷冻水系统先开启 1000RT 主机对应的基载冷冻水泵两台（每台流量为 $0.1m^3/s$）进行冲洗半天，然后关闭水泵过滤器前后阀门进行过滤器清洗。此次清洗目的是清理出较大的管道内部垃圾。

（2）清洗完成后重新打开前一步关闭的阀门并再次补水，然后打开 1700RT 基载主机对应的基载冷冻泵（每台流量为 $0.2m^3/s$）冲洗半天，然后关闭水泵过滤器前后阀门进行过滤器清洗。此次清洗目的再次清理出较大的管道内部垃圾。

（3）清洗完成后重新打开前一步关闭的阀门并再次补水，然后打开两台 1000RT 基载主机及两台 1700RT 基载主机分别对应的两台基载冷冻泵（4 台总流量 $0.6m^3/s$）能够满足 $DN700$ 最大管冲洗流速 1.5m/s 要求。

（4）闭式冲洗一天后，换水，再次清洗过滤器，然后再次灌水冲洗。

（5）检查水质情况，冲洗半天后实行边补水边排水的开式冲洗。即一边进行补水，同时打开泄水阀进行排水，逐渐完成系统管道内水的置换。

5. 化学冲洗及预膜

系统化学冲洗的目的是去除系统管道及设备水侧表面存在的各种沉积物，建立清洁的系统条件。清洗后及时预膜则可在管道及设备洁净活化的金属表面形成一层致密均匀的防腐蚀保护膜，为后继的日常运行的水处理工作打下良好的基础。

（1）化学清洗。

水力冲洗完毕后，注入清水，在膨胀水箱/冷却塔分别向冷冻/冷却系统投加 NF-711 清洗剂，开启循环水泵进行封闭运行。NF-711 主要成分：磺化琥珀酸钠盐、助剂。

清洗剂的投加过程，通过检测 pH 值进行控制，整个清洗过程中循环水 pH 值应严格控制在 4.5～5.5 范围内。计划初次药剂投加量为总量 80%，循环一小时后检测 pH 值；如检测结果高于 pH 控制上限，则马上补加药剂，补加量由专业技术人员现场确定。如检测结果低于 pH 控制下限，则应立刻暂停药剂投加。每隔 1h 监测 pH 值一次，待 pH 值高于上限后再进行追加投药。

清洗过程中，根据观测随时检测循环水的电导率、浊度、钙硬、总硬、总铁这些数据，可以反映清洗的进行程度和效果，是我们的判断依据。清洗过程中仅对 pH 值进行严格控制，防止过度腐蚀的发生，以钙硬的变化作为清洗终点判定的依据。由于系统垢质成分和结垢程度不统一，其他数据仅作为参考，不限定控制范围。

整个清洗过程会伴随着钙、镁、铁等离子浓度逐渐上升，最终达到稳定的水质变化趋势，清洗过程后期循环水浊度可能会超过 30ppm，这些水质变化应属正常情况。

清洗过程预计会持续 36～48h 左右，清洗结束换水，准备预膜。

（2）预膜。

完成系统化学清洗后，在膨胀水箱/冷却塔分别向冷冻/冷却系统投加 NF-912 预膜剂（B575 复配药剂），每次投加间隔 3～5min。投加完成后，加水至满，开泵循环作用 48h，对全系统进行化学预膜处理，使管道形成一层致密的保护膜，以控制系统的腐蚀速度。

排放全部循环水，同时进行补水，置换排放，直至系统水中的药剂下降至 15～20mg/L，停止排放，完成预膜处理过程。

预膜剂应在尽可能短的时间内加入系统。预膜剂投加足量后，系统水的总磷含量应达到 30～40ppm。正磷应不超过总磷含量的 20%，预膜完毕总磷应降低到 15ppm 左右。预膜时间大概 48～72h。

注：若投加 NF-711 清洗剂后在循环过程中出现大量泡沫，可用 NF-103 消泡剂去除。

3.10.3 注意事项

（1）冲洗前应对系统完善性检查，以及对循环范围内阀门进行编号，并标注好冲洗中阀门开闭情况，严禁误操作。

（2）做好冲洗给水的供应和排水的组织，因管道规格大，整体冲洗用水量大，如灌水周期太长，会导致过程中管道内有轻微腐蚀，难以达到冲洗效果；系统冲洗流速要求有较大的排水量。

（3）在管道冲洗工作前，应成立防跑漏水应急预案小组，人员包括应急响应管理人员和抢修人员。

（4）进水工序开始前，应确保抢修人员和相应的工具均准备就绪，应急响应管理人员对本次进水工序涉及的区域和主要风险有足够的认识。

（5）项目应制定应急响应流程，所有进水工序参与人员和应急人员均应熟悉应急响应流程，进水工序前应再次确认应急沟通方式的有效性。

3.10.4　实施效果

（1）确保施工进度。采用大管道循环冲洗技术，并进行合理的施工组织，分系统分区域以本系统循环水泵作为动力进行冲洗，工程整体冲洗进度加快，为后期系统调试创造了有利条件。

（2）制冷系统运行效率高。冲洗完成后，管道系统内水质好，管道内壁光滑，沿程阻力小，系统整体运行效率提高。

（3）系统维护成本降低。系统运行过程中，对冷机、水泵、板式换热器及末端机组的表冷器损伤小，整体维护成本降低，节约投资成本。

3.11　BIM 运维智能管理平台

3.11.1　建设背景与意义

扫描以下二维码可观看视频

BIM运维智能管理平台

建筑运维管理一般意义上是运用一组特定的流程与策略，通过对有限资源的利用，实现最大的经营目标并力图持续的维护这种能力的存在。在我国，传统的建筑运维方式主要是人力集中型，所能输出的服务水平很大程度上依赖于实际操作人员经验；现在，IBM 系统已经较为完善，但各个系统（如群控系统、楼控系统、广播、视频监控系统等）的相对独立，无法达到资源共享和业务协同，因此实际应用所需投入的人力物力要求较高。

传统物业管理主要是提供建筑物内的劳务与服务，以延续建筑物寿命与基本使用需求，项目主要包括：警卫保全、清洁劳务及设备设施类，如电力、空调、升降机、给水排水、安全系统等维护、修理、保养三大类工作。物业管理与建筑物使用的管理服务息息相关，它能使建筑物的使用者享有安全、健康、舒适、清洁、环保、便利及良好生活机能的生活空间。

然而，管理工作需要建筑物的基本信息作为参考，来源大多是由建筑公司移交时所提供的设施设备使用维护手册及厂商数据、使用执照誊本、竣工图、水电、机械设施、消防及管线图。无论是纸本或者是电子文件，历经物业管理公司及管理人员不断更迭，大部分物业管理人员是凭借交接手册或长久管理经验来应对。因此，检修及维护信息经常出现数据缺漏、遗失甚至错误等问题，时间越久偏差越大甚至信息完全断层，管理也就越加困难。

而 BIM 运维是在传统的建筑运维管理基础上演变而来，营运阶段的管理若能有效利用 BIM 模型进行回溯、查询确认、整合记录及相关管理应用，则在 BIM 可视化、直觉化操作接口下，将使建筑设施管理作业事半功倍。透过 BIM 模型来达成设施管理的主要目的，是希望快速、便捷及完整的提供管理人员所需信息，并辅助物业管理人员确保建筑物及设备能被使用者正常使用，同时，依靠 BIM 强大的可视化能力，将 IBM 各子系统集成至模型之上，用全新的方式进行表达，可以极大的提高管理效率。因此，BIM 所看即所得的特性可以很好的在运维管理上发挥作用。

建筑运维方面核心的厂商及软件，国外主要有 ArchiBUS、FM：Systems、Manhanttan 等，国内的 BIM 运维厂家刚刚起步，正在进行很多探索性的尝试，但在整个平台研发及市场运作过程中，并没有成体系的开展，仅仅是偏向于单独的某个方面的应用，如物业管理、能耗监管等。在国内 BIM 运维领域，都是针对个别建筑进行局部小范围应用，没有成体系化建设，与国外相比仍处在探索与起步阶段，没有成熟的规模化发展。

针对以上行业特点，我们尝试开发的基于 BIM 的智慧建筑运维监管平台，把 BIM 技术与 IOT（物联网技术）技术相结合，对建筑智慧运维的精细化管理成为可能。基于建筑竣工验收阶段的 BIM 模型，采用 BIM 模型 3D 空间展现功能，在建筑竣工以后，以 BIM 模型为载体，实现对各种零碎、分散、割裂的信息数据的运维管理。包括智能建筑的安保、消防、物业、能源、设施设备、空间管理、物业管理等，进一步引入到建筑的日常运维管理工作中，基于 BIM 实现以人为中心的对建筑工作环境的管理与服务。

在智慧建筑的运营维护过程中，建筑的运维依赖于先进的信息化管理平台，将 BIM 与 IOT 结合构建的运维监管平台，管理人员可以通过 3D 展示的方式，了解建筑以及内部设备信息、设施设备的实时数据等相关信息。基于 BIM 模型与实时采集的数据，通过长度、宽度、高度、时间、成本、设施 6D 维度，以建筑物生命周期履历资讯为运作主轴，以 BIM 模型作为载体，以现场采集所得到的建筑内部的实时数据作为依据，以基于模型与数据的分析作为手段，构建建筑智慧运维的整体解决方案，从而实现智慧建筑的资源共享、绿色节能、安全可靠与可持续发展，以高效率与低资源消耗运行，帮助人们在工作与生活中享受更安全、高效与便捷的服务与环境。

3.11.2　智能运维平台管理方向

基于实际的建筑运维特点和要求，我们认为基于 BIM 的智慧建筑运维管理的内涵，主要包括：

（1）实现对建筑内、外设备设施的全面监控，包括对设备、环境、消防安全、能耗等内容的全面监测控制与管理。用户可以在平台上获得设备的实时状态，查看视频实时监控画面等；通过分析采集到的数据，实现对信息的统计与分析；实现对建筑内部设备运行状态的监测与控制和对异常情况报警与处理功能。

（2）实现建筑的物业管理，为业主提供针对建筑物、设施、设备、场所、场地等内容的管理，实现维护计划的设定、对故障信息的处理工作；当发生紧急事件时，系统能够展示应急预案、应急组织（人员）、应急事件、抢修抢建等信息，辅助管理人员针对应急情况作出相应的处理。

（3）实现对报警信息的分类、汇总，并对重要的报警信息能够主动以弹框的形式呈现给用户；基于 BIM 模型，实现对建筑、设备、管线等详细信息的管理工作，以及相应的图纸资料、培训资料与操作规程的统一维护与管理，方便运维管理人员使用。

（4）实现对各种数据的可视化表示，对平台中的重要数据，包括建筑、设备、管线、BIM信息、视频、消防等各个功能的相关基础数据信息及动态数据信息进行集中的统计，通过一定的算法把数据通过图表的方式进行汇总展示，并能够以报表的方式打印或者导出，为管理人员的辅助决策提供依据。

3.11.3 案例说明

华润深圳湾国际商业中心，项目总建筑面积70万 m²，其中"春笋"（华润集团总部大厦）单体建筑面积27万 m²。本案例以"春笋"为载体，进行项目整体研发与实现。

该建筑在实现智能化过程中，要求以BIM技术实现工程的建筑基础信息的数字化存储并结合IOT（物联网）技术实现建筑的监控、运维与可视化的管理工作。在平台实现过程中，利用IOT数据与模型的构建信息相关联、BIM模型的模拟分析、运维数据的采集与存储、各类系统的集成应用、物业管理与设备管理的综合应用，实现基于BIM与IOT的智慧建筑运维监管。

1. 总体介绍

平台首页的信息浏览主要是在深圳湾整体BIM模型的基础上，承载着整栋建筑运维与管理的各种应用，对该建筑的BIM模型信息、报警信息、用户关心的数据信息等进行集中的展现。用户通过首页的信息浏览界面，宏观上可以直观地了解整栋建筑的整体运维情况，局部上可以按照区域对该栋建筑内部的建筑结构以及系统分类进行查看，提供运维平台各子系统功能的入口，方便整栋建筑的查看、维护与管理，其总体架构图如图3.11-1所示，管理平台首页如图3.11-2所示。

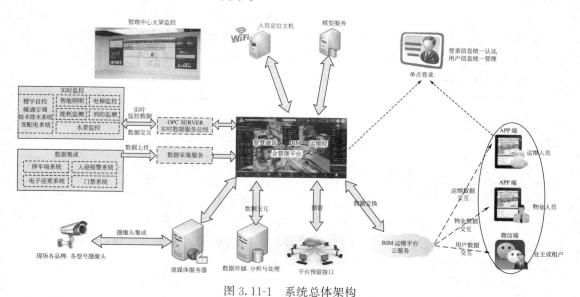

图 3.11-1　系统总体架构

2. 智慧建筑运维中物联网应用

（1）智能化系统集成监控

该模块主要是实现对系统中重要的物联网设备在平台中进行监控与数据交互。在设备监控模块，系统通过 OPC UA 不仅能够实现对设备运行状态的获取，还可以实现对设备的控制。用户可以在平台上直接实现对设备的打开、关闭等控制，并可以查看对应设备的维护计划、3D 模型、实时状态等。集成的系统包括：楼宇自控系统、智能照明管理系统、入侵报警系统、提车管理系统和水景控制系统等。

图 3.11-2　智慧建筑运维监管平台首页

（2）环境监控

基于 BIM 与 IOT 的运维监管平台，主要是通过获取建筑内部实际对应位置的传感器信息，通过数据实时采集装置，获取该位置的实际环境数据，对智慧建筑的监测内容包括：温度、气味、燃气、有毒气体、易燃气体、空气质量、通信质量、人为损坏、入侵、火灾烟感和突发爆炸等。

平台可设置周围环境的阈值，将环境异常的情况筛选出来，通过查看相应监测点的历史变化曲线，分析室内环境情况。一旦数据发生异常，系统则进行危险提示和报警。

（3）消防监控

消防监控模块主要实现对各个区域的消防设备状态进行实时监控。系统通过现场的感应器感应现场环境的实时状态，当事故发生后，平台能够实现及时报警，并在 BIM 模型的界面上，弹出消防报警信息，同时定位着火位置。当发生火灾事故时，管理人员通过查询周边的设备运行情况、应急逃生路线及建筑内部结构情况，辅助火灾事件的应急管理。消防监控操作界面如图 3.11-3 所示。

3. 设备管理

对建筑工程内部各系统的设施设备建立相应的档案库，为工程内的每一个设施设备提供从出厂接入到撤离工程的全生命周期的数据记录。由系统根据设备的唯一性生成二维码或 RFID 标签，并将这些唯一性数据在进场时登记注册到系统中，建立相应的设施设备档案，并在设备的运行维护过程中，可以随时抽调设施设备的档案资料进行查阅，同时支持移动终端查询与录入。设备全生命周期记录流程如图 3.11-4 所示。

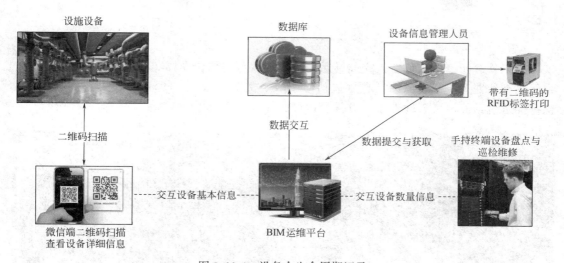

功能区	房间	烟感	温感	手报	可燃气体值	消火栓按钮状态	吸顶式按钮状态	时间	操作
指挥区	排风机房	20%obs/m	8℃	关	53%LEL	开	关	2015-10-19	定位
车辆维护区	专业队备勤室	10%obs/m	30℃	关	23%LEL	开	关	2015-10-19	定位
通信区	有线通信室	43%obs/m	22℃	开	18%LEL	开	开	2015-10-19	定位
通信区	计算机室	16%obs/m	42℃	关	24%LEL	关	开	2015-10-19	定位
通信区	微波及卫星通讯室	34%obs/m	-28℃	开	24%LEL	开	关	2015-10-19	定位
通信区	数据维护室	26%obs/m	19℃	开	14%LEL	开	关	2015-10-19	定位

图 3.11-3　消防监控

设施设备

数据库

设备信息管理人员

带有二维码的
RFID标签打印

二维码扫描

数据交互

数据提交与获取

手持终端设备盘点与
巡检维修

交互设备基本信息

交互设备数量信息

微信端二维码扫描
查看设备详细信息

BIM运维平台

图 3.11-4　设备全生命周期记录

对于设施设备每一次的巡查或检修等维护操作，需建立其独立的台账记录（其中包括但不限于文字、语音、图片、视频、相关历史维护人员的联系方式等数据），以供巡查检修人员在每一次维护操作时结合这些历史档案记录，对实际的各个设施设备进行快速的情况判定，并在最短的时间内对设施设备计算出最有效的维护手段。

4. 巡检与维修

（1）设备巡检

系统提供灵活的设施设备巡查配置功能，在设施设备入场或运维管理过程中，物业管理人员按照相关设施设备管理规范条例，并结合该设备厂商提供的设施设备日常养护维保需求建议，对该设施设备进行维保巡查计划等数据的编排与录入工作，并依据现场实际情况配置设定巡检计划的相关策略。当实际日期满足条件后，系统将自动推送该设施设备的维保巡查计划到相关负责单位（或负责人）的移动终端上，并附加对于本次计划有关的资料数据，派送给相关维保巡查工单给该负责单位或负责人。设备巡检业务流程如图 3.11-5 所示。

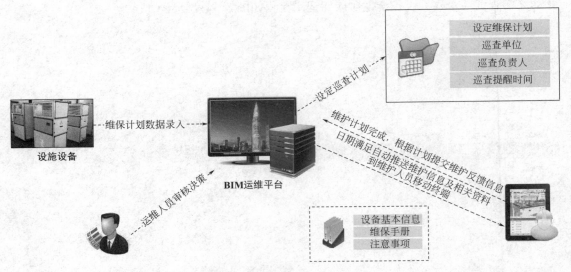

图 3.11-5　设备巡检业务流程

当相关责任单位或负责人完成维保巡查计划后，需结合现场实际情况，对设施设备的维保巡查计划工单提交反馈信息（包括但不限于文字、语音、图片、视频等），该反馈信息将推送给相关运维管理人员。设备巡检页面如图 3.11-6 所示。

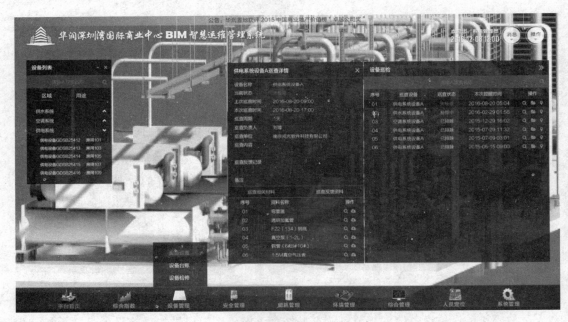

图 3.11-6　设备巡检页面

（2）设备维修

对接入到系统的设施设备进行实时故障监测，当建筑中某个设施设备发生故障后，平台将自动调取该设施设备在平台档案库中相应的资料，并将资料自动推送到负责该类设施设备的检修单位或个人的移动终端 APP。平台基于 BIM 模型，可智能分析前往该设施设备的路径，对于无法提供路径的设施设备，则为相关检修或管理决策人员提供 BIM 模型实景漫游的功能，辅助其自行制定检修路径。

当检修人员完成设施设备检修任务后，结合本次检修的相关设施设备实际情况通过二维码或 RFID 等形式利用移动终端提交检修工单，对设施设备检修的情况与过程做好综合评估后提交相关资料，这些资料将累积在该设施设备档案库的检修记录中，以供运维后期管理决策或其他检修人员使用。设备检修业务流程如图 3.11-7 所示。

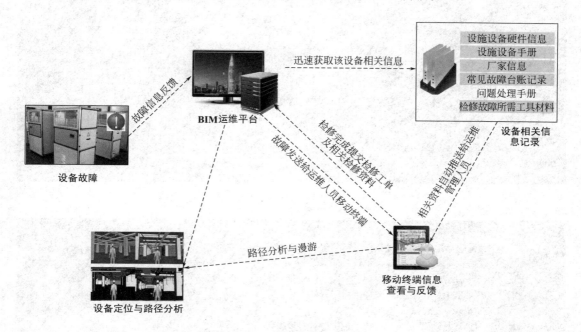

图 3.11-7　设备检修业务流程

5. 能耗管理

（1）能耗数据统计

通过接入各建筑内部的流量计、电表等能耗数据采集设备，将采集的能耗数据实时存储于系统内，并基于这些数据实时统计出在建筑运行过程中的能耗信息，其中包括项目整体的总能耗数据，按时间周期（年、月、日，自然天中的时间段等）划分的各个能耗统计数据，按系统划分的详细系统能耗数据，以及按实际建筑空间划分的楼层区域能耗统计数据等。整体界面规划如图 3.11-8 所示。

对于能耗统计在本系统中的显示效果，与普遍对能耗的表达形式相一致，在可预测的数量级上，以颜色区分能耗的数值高低，并尽量使用但不限于以图表类、纵横直方图、各类排序规则等方式进行数据的直观表达。

（2）节能降耗智能分析

本模块以降低建筑能耗，节约成本为目的，基于建筑的 BIM 数据模型和采集的大量能耗数据，从多个角度对建筑进行节能减排的分析，进行在特定时间段内的环比或同比数据统计，依据接入本系统的各类设施设备的运维记录情况以及客观条件因素作出智能分析并给出导致数据差异受影响的因素。整体界面规划如图 3.11-9 所示。

图 3.11-8　整体能耗管理页面

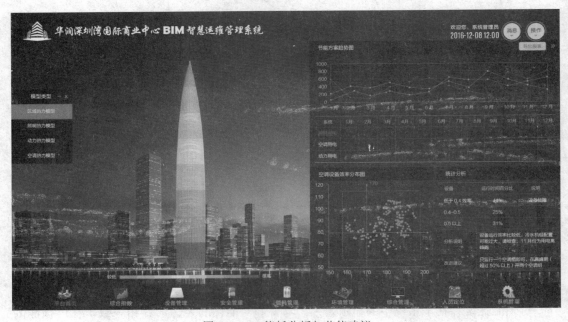

图 3.11-9　能耗分析与节能建议

由于平台处于试运行阶段，当前能耗数据存储的数据量较小，因此节能降耗分析部分还未能体现出其优势。在平台日常的使用过程中，该功能模块会随着用户的使用要求及平时运维的管理模式不断的丰富与完善，在实际的运维管理过程中，起到节能减排的作用。

6. 人员定位管理

人员定位主要是实现建筑内部物业人员、安保人员、运维人员在建筑内部实时的坐标位置，包括所在的楼层、所在楼层所处的位置，人员的定位基于 Wi-Fi 指纹定位实现，需要监管的人员携带手持终端，通过个人信息可全平台查询对应人员的位置，物业动态管理。人员实时位置界面如图 3.11-10 所示。

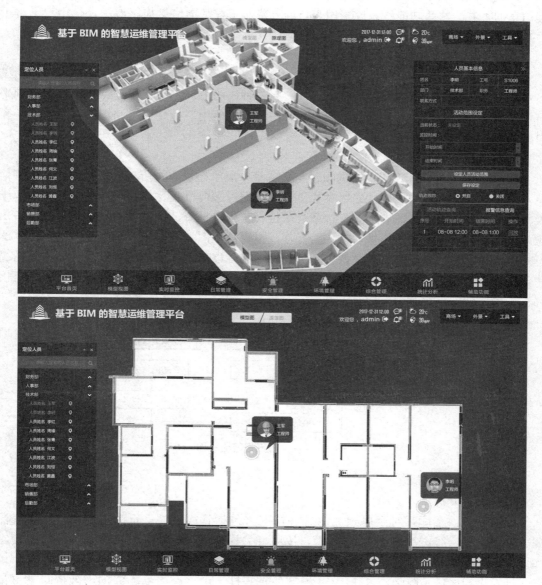

图 3.11-10　人员实时位置界面

基于无线 Wi-Fi 定位的行业精度一般在 3～5m，本平台在实际应用过程中，经过现场测试，人员定位的精度主要集中在 3±0.5m，相对于其他 Wi-Fi 定位算法而言，定位精度相对较高，基本满足了业主室内定位使用的需求。

7. 可视化档案

工程档案管理主要是为了实现工程信息的保存以及培训资料的上传、下载等功能，实现对工程基本信息、设备信息等部分的处理工作，主要包括工程信息、设施管理、知识库、报警与提醒等模块。

（1）建筑信息

建筑信息模块主要用于管理人员对工程信息的了解，该模块在功能上主要是实现对工程信息的查看、修改功能。系统采用表格的方式对工程基本信息加以展示，是用户了解工程基本情况的基本途径。

（2）知识库

提供各种培训资料，模拟操作以及设备操作规程等供新员工快速查找和学习，包括设备资料、图纸资料、培训资料与操作规程。将各种说明书、图纸、图片、视频等上传到平台中，由平台统一维护与管理，方便工程维护人员的使用，最终通过知识的积累、共享和自我更新，提高运维服务效率。

（3）报警与提醒信息

BIM 运维平台中，设置专门的报警与提醒集中展示模块，将所有的报警信息、提醒信息等进行统计汇总，并按照优先级及紧急程度，通过平台以及移动终端，通知相应的运维及管理人员。报警信息的展示方式包括文字报警与语音报警，报警内容主要是指当设备出现故障的时候，值班人员所做出的预警操作。报警流程图如图 3.11-11 所示。

对于机电模型，应具备上下游关系、逻辑关系，以达到简易的仿真效果，如实际情况中，某段水管爆裂，系统即可以提示关闭何处的阀门；某处用电设备出故障，系统即可以提示关闭何处的电源开关。

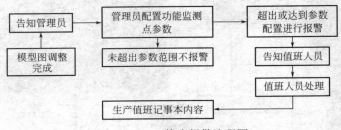

图 3.11-11　值班报警流程图

8. 可视化安全管理

（1）应急分析

建立应急预案库，对于可预测的意外情况（包括管线破裂、重大人员伤亡、煤气泄漏、火灾、恐怖袭击等建筑维管险情），按照有关标准进行险情分级和建立相关应急预案库，在库中存储相关应急的方案资料，并可随时由运维管理人员进行全库搜索与查询。

针对出现的应急险情，基于 BIM 模型的直观性，由平台根据物联网中的危险警报位置信息，结合危险源与临近设施设备和通路情况，调动危险源临近的摄像头与传感器设备进行实时监控。在 BIM 模型中，智能分析出合理的抢险路径以及人员疏散路径，提供给抢险单位作为处理参考。

（2）消防设备维管

平台建立消防设备档案库，并按照消防设施设备厂商提供的资料录入到档案库中。在数据录入的同时，按照相关法律法规与规范进行维保计划的策略设定，当实际时间满足设定的条件时，系统自动将消防设备的维保计划推送到负责单位或负责人的移动终端。在维保工作结束后，由负责人结合该消防设备的二维码或 RFID 等识别信息，填写反馈工单到系统中，由管理人员进行审核。消防设备维管界面如图 3.11-12 所示。

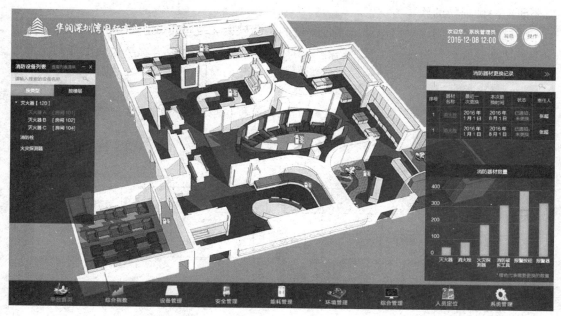

图 3.11-12　消防设备维管界面

（3）视频监控信息接入共享

将 BIM 模型中视频监控设备构件与建筑内实际对应的监控设备相关联，在日常维护管理工作中，维管人员可以直接选择 BIM 模型中的相关监控设备模型，点击后直接显示对应位置的监控设备的状态、监控画面以及监控盲区，同时可切换显示该监控设备的历史回放画面等。

通过以上介绍可以看到，BIM 运维管理平台是一个基于 BIM 模型的用于建筑后期运营维护管理阶段的软件操作平台，它充分利用了设计和建设阶段的建筑信息模型并将其轻量化处理，同时将建筑设计施工阶段产生的可用于维护阶段的信息导入到模型中去，结合建筑内各个子系统，如能源管理系统、BA 系统、停车场管理系统等，通过大量的物业需求调研，在众多冗余信息中提取运维管理最关心的一部分，在此基础上还可以整合更多的信息与应用，甚至可以横跨建筑的物业管理、商业管理等多个领域，从而形成一个简单、直观、易用的管理系统，可以实现降低运营维护成本，提高运营维护质量的效果，可以一下子将原本工作方式、非常传统的建筑维管工作拉上一个很高的台阶，使我们的维护管理工作水平能够跟上现在科学技术和智能建筑的发展。

3.12　600 米级超高层电缆敷设施工技术

扫描以下二维码可观看视频

超高层电缆敷设施工技术

3.12.1　技术背景

在超高层建筑尤其是在 600 米级建筑的竖向电缆敷设过程中，由于竖向长度的电缆自重过大，且穿越的各层楼板孔洞数量庞大，如果采用常规电缆吊装敷设工艺，必然会对电缆自身造成损伤而造成严重后果。所以，针对 600 米级建筑的电缆敷设需要研究一种独特的施工方法。

通过在多个超高层项目电缆施工过程中的不断探索和改进，我们研制出了一种新的敷设方法，其核心部件有电缆吊装圆盘和电缆穿井梭头，前者能够实现吊具与电缆的便捷可靠连接且承载巨大的竖向荷载，后者则能规避电缆竖向牵引时电缆吊装圆盘与结构孔洞发生卡碰的风险。

依托上述两个核心部件，结合施工中的相关流程，本施工方法能快捷安全的完成超高层的电缆敷设。

3.12.2　电缆吊装工艺流程

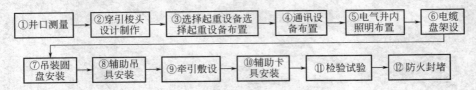

3.12.3　吊装前准备工作

1. 井口测量

在电气竖井具备安装条件后，对每个井口的尺寸及中心垂直偏差进行测量。采用吊线锤的测量方法，以图表形式做好测量记录。对短边小于 300 mm 的井口或中心偏差大于30mm 的井口应进行标识，在吊装圆盘过井口时为重点观察对象。

2. 电气竖井口台架制作安装

在井口测量完成后，开始安装槽钢台架，选用匚10 槽钢制作，采用焊接连接。

3. 吊装设备布置

在井口处设置高 1.2m 的钢桁架，横置 3 根 $\phi114\times2000$mm、壁厚 22mm 无缝钢管作为悬挂滑轮的受力横担。卷扬机布置在同一井道最高设备层上或以上楼层，在卷扬机布置完成后，穿绕滑轮组跑绳，并在电气竖井内放主吊绳。主吊绳可通过辅吊卷扬机从设备操作层放下，或由辅吊卷扬机从一层向上提升，与主吊卷扬机滑轮组连接，构成主吊绳索系。

4. 电缆吊装圆盘

吊装圆盘为整个吊装电缆的核心部件（图 3.12-1）。其作用是在电缆敷设时承担吊具的功能，并在电缆敷设到位后与吊装板卡具配套固定在电气竖井，以承载垂直段电缆的全部重量。

电缆在出厂前，每根电缆头端的三根钢丝绳头拆弯后分别浇铸在吊装圆盘的下方连接螺栓的锚杯上，在电缆装盘时，把 3 个锚杯钢丝绳浇铸体与吊装圆盘分离，吊装圆盘单独装箱运输，在电缆吊装敷设前，再把吊装圆盘与钢丝绳浇铸锚杯安装成一体。

每根电缆的敷设分为三个阶段：设备层水平段敷设、竖井段敷设、主变电所层水平段敷设。在电气竖井内敷设时，需分别栅绑水平段电缆头和垂直段吊装圆盘，在辅助卷扬机提起整个水平段后，由主吊卷扬机通过吊装圆盘吊运水平段和垂直段的电缆。

5. 电缆穿井梭头

电气管井中的电缆井道通常为狭长形孔洞，吊装圆盘组装完成后长边边长大于电缆孔洞的短边长度，如不将吊装圆盘调整成特定姿态，容易卡在井口上，造成电缆受损甚至报废。而穿井梭头可以解决这一问题，避免发生卡损（图 3.12-2）。

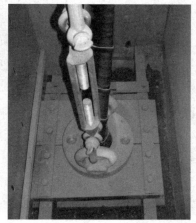

图 3.12-1　吊装圆盘实物图

（a）穿井梭头　　　　　　　（b）穿井梭头穿井1　　　　　　（c）穿井梭头穿井2

图 3.12-2　穿井梭头

穿井梭头由尺寸相同的两块部件组成，在现场采用连接板连接，拆装便捷（图 3.12-3）。

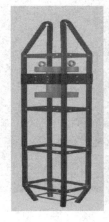

图 3.12-3　穿井梭头三维效果图

6. 其他辅助设施的布置

（1）通信设施的布置。架设专用通信线路，在电气竖井内每一层备有电话接口。每台卷扬机配一部电话，操作手须佩戴耳机，放盘区配一部电话。跑井人员每人一部随身电话。指挥人、主吊操作人、放盘区负责人还须配备对讲机。

（2）临时照明的布置。电气竖井内光线弱，因此要设置临时照明，每层电气竖井内安装一套 36V/60W 的普通灯具。

3.12.4 吊装过程

（1）电缆盘架设

电缆盘架设在一层电气竖井附近，电缆盘至井口应设有缓冲区和下水平段电缆脱盘后的摆放区，面积大约 30～40m² （图 3.12-4）。

架设电缆盘的起重设备根据现场实际情况，在塔吊、汽车吊、履带吊等起重设备中选择。

图 3.12-4 电缆盘架

（2）上水平段电缆头捆绑

选用有垂直受力锁紧特性的活套型网套，同时为确保吊装安全可靠，设一根直径 12.5mm 保险附绳（图 3.12-5、图 3.12-6）。

图 3.12-5 电缆头穿入吊装圆盘   图 3.12-6 水平段电缆头捆绑

（3）吊装圆盘连接

当上水平段电缆全部吊起，将主吊绳与吊装圆盘连接，同时将垂直段电缆钢丝绳与吊装圆盘连接。

（4）组装穿井梭头

当吊装圆盘连接后，组装穿井梭头。组装时，吊装圆盘两个吊环必须保持在穿井梭头侧面的正中，以保证高压垂吊式电缆在千斤绳的夹角空间内，不与其发生摩擦，在穿井时吊环侧始终沿着井口长面上升（图3.12-7、图3.12-8）。

图3.12-7　穿井梭头组装　　　　　　　　图3.12-8　组装后的穿井梭头

（5）防摆动定位装置安装

吊装过程中，在电气竖井井口安装防摆动定位装置，可以有效地控制电缆摆动，同时起到了保持电缆垂直吊装的定位作用。防摆动定位装置安装在B2层电气竖井口的槽钢台架上（图3.12-9、图3.12-10）。

（6）上水平段电缆捆绑

主吊绳已受力，上水平段电缆处于松弛状态，将上水平段电缆与主吊绳缠绕，并用绑扎带捆绑，应由下而上每隔2m捆绑，直至绑到电缆头（图3.12-11）。

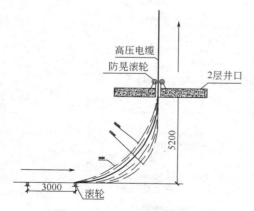

图3.12-9　电缆波动曲线图　　　　　　　图3.12-10　防晃滚轮安装图

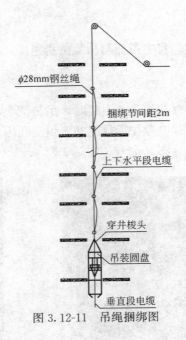

图 3.12-11　吊绳捆绑图

（7）吊运上水平段和垂直段电缆

采用互换提升或分段提升技术，通过多台卷扬机吊运自下而上垂直敷设电缆（图 3.12-12）。

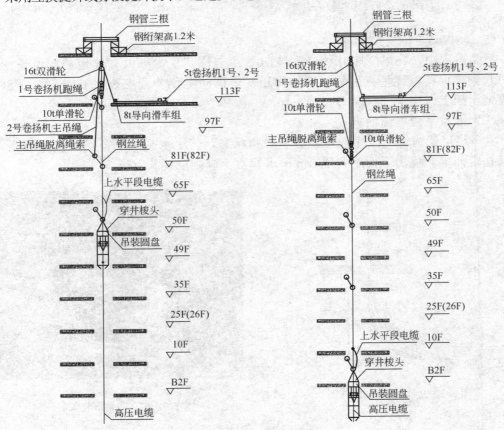

图 3.12-12　电缆垂直敷设

（8）拆卸穿井梭头

当穿井梭头穿至所在设备层的下一层时，拆卸穿井梭头。拆卸前，必须将该层井口临时封闭，以防坠物。拆卸完后，应检查复测吊装电缆 3 根钢丝绳的受力情况，必要时调整与吊装圆盘连接的螺栓，使其受力均匀。

（9）吊装圆盘固定

当吊装圆盘吊至所在设备层井口高出台架 70～80mm 时停止，将吊装板卡进吊装圆盘上颈部，用螺栓将吊装圆盘固定在槽钢台架上（图 3.12-13）。

图 3.12-13　吊装圆盘安装在电气竖井槽钢台架上

（10）辅助吊索安装

吊装圆盘在槽钢台架上固定后，还要对其辅助吊挂，目的是使电缆固定更为安全可靠，起到了加强保护作用。辅助吊点设在所在设备层的上一层，吊架通常选用 14 号槽钢，用 M12×60 螺栓与槽钢台架连接固定（图 3.12-14）。

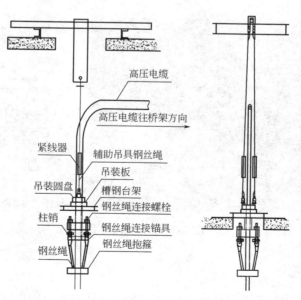

图 3.12-14　辅助吊索安装示意图

（11）楼层井口电缆固定

在吊装圆盘及其辅助吊索安装完成后，电缆处于自重垂直状态下，将每个楼层井口的电缆用抱箍固定在槽钢台架上。电缆与抱箍之间应垫橡胶板，以免挤伤电缆（图 3.12-15）。

图 3.12-15　楼层井口电缆固定

（12）水平段电缆敷设

通常采用人力敷设水平段电缆。在桥架水平段每隔 2m 设置一组滚轮。

（13）电缆试验和接续

高压垂吊式电缆安装固定后，应做电缆实验，试验合格制作电缆头，通常采用 10kV 交联热缩型电缆终端头制作工艺，电缆头制作完成后，再次做电缆试验。

（14）楼层井口防火封堵

在高压垂吊式电缆敷设完成后应进行防火封堵（图 3.12-16）。

图 3.12-16　防火封堵

3.12.5　注意事项

吊装圆盘与穿井梭头作为吊装作业的核心部件，其安装和使用对整个吊装过程起到决定性作用。

吊装圆盘在电缆敷设时承担吊具的功能，并在电缆敷设到位后与吊装板卡具配套固定、承载电气竖井垂直段电缆的全部重量。穿井梭头则发挥避免吊装过程中电缆与结构板发生卡顿，防止电缆被损坏。

3.12.6 实施效果

600 米级超高层建筑的诸多敷设在电缆井内的电缆长度和重量均超常规，在吊装过程中极易发生意外和损坏，通过多个项目的实际应用，本技术解决了上述问题，且大幅提升了电缆吊装的施工效率。

3.13 IBMS 系统集成技术

IBMS 系统实现对楼控系统、消防系统、监控系统、门禁系统、报警系统、停车场系统、巡更系统、一卡通系统、可视对讲系统、机房工程系统、公共广播系统、多媒体系统、信息查询与发布系统、护理监控系统、能量计量系统等子系统的集成，确保完成系统操作数据存取、系统集成及所定义的系统功能（图 3.13-1）。

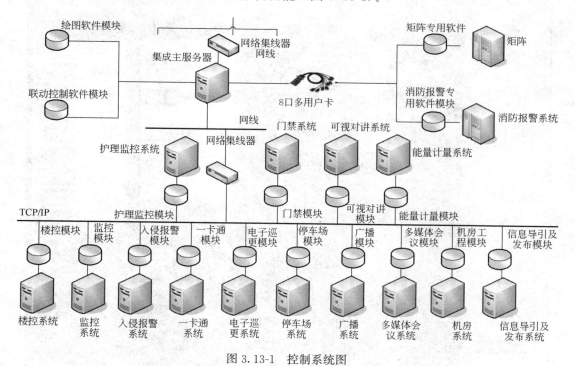

图 3.13-1 控制系统图

3.13.1 系统集成平台与楼宇自控系统的联结

由 BA（楼宇设备自控系统）与 InteBASE 数据流，通过以太网进行网络联结，两者之间通过 BACnet 协议进行数据交换，完成对楼宇设备的集中控制和管理。

IBMS 软件将大楼内的楼宇自动控制系统中的重要信息进行数据采集，以生成整个 IBMS 运行管理所需要的综合数据库，从而对所有全局事件进行集中管理。

IBMS 服务器可以通过 BACnet 读取 BA 系统中的所有点，并可对 BA 系统设备的进行控制，从而达到在 IBMS 工作站上实现对整个楼宇自控系统的监控。通过 IBMS 软件可以控制中心管理设备，其详细功能有：

（1）当发生报警或接收到其他联动要求后，按要求启动或停止 BA 设备。

（2）提供经选择的设备启停、报警状态的信息。

（3）提供经选择的探测器所检测参数的变化值，以及过限报警的信息。

（4）提供系统操作员确认各类报警信息的时间及确认人的资料。

（5）提供设备运行所需的相关信息和各类报表文件。

空调系统主要监视设备（包括新风机组、空调、风机等）的运行状态、故障显示；新风机和空调的送/回风温度等（图 3.13-2）。

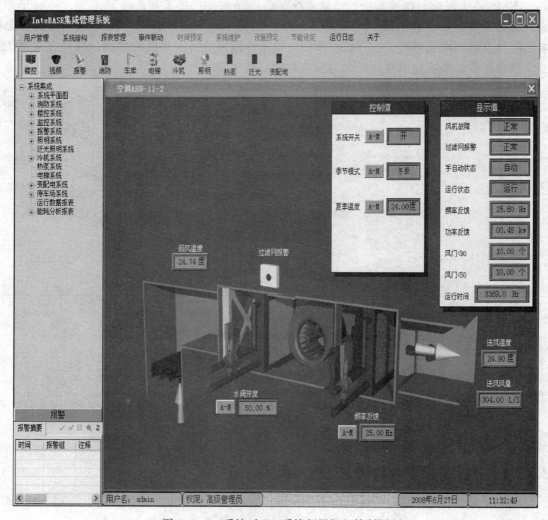

图 3.13-2　系统对 BA 系统新风机组控制图

3.13.2 系统集成平台与消防系统的联结

FA（消防自动化报警系统）与 InteBASE 数据流（限于消防法规，只监测不控，为单向，同时 IBMS 只采集探头状态），消防报警系统通过 RS232 向集成管理系统传递信息，内容包括系统主机运行状态、故障报警；火灾报警探测器的工作状态、探测器地址、位置信息、相关联动设备的状态。

如大楼内某防火分区发生火警时，除消防报警系统的报警显示外，在集成系统工作站上自动以动画方式显示出该防火分区的报警信息，包括火警位置以及相关联动设备的状态。相关的联动还包括：发生火灾报警时，消防系统根据报警点的位置信息，查找到附近摄像机编号；通过网络，向集成系统发送联动申请。

集成系统统根据联动申请，可进行如下工作：

（1）向 CCTV 系统发送视频控制指令。

（2）向楼控系统发送照明开启控制指令。

（3）摄像机对准火灾报警发生部位。

（4）矩阵切换报警图像在电视墙指定位置显示。

（5）矩阵切换报警图像到与硬盘录像机指定端口连接的矩阵输出端口。

（6）硬盘录像机进行报警录像。

当出现火警并确认后，可以门禁联动电磁锁打开出现火情层面的所有房门的电磁锁，以确保人员的迅速疏散。

3.13.3 系统集成平台与监控系统的联结

闭路监控系统和集成管理系统数据流，监控系统通过客户端呼叫方式，与集成自控系统传递视频图像，视频矩阵通过 RS232 与集成自控系统传递控制信息。录像机系统提供 SDK 数据开发包，集成管理系统可组态电子地图，通过鼠标点击电子地图可对电视监控系统进行快捷操作，如快速切换摄像预制画面、启动画面顺序切换等功能。当其他子系统因报警等原因需要电视监控系统的相应动作时，集成自控系统将使电视监控系统快速、准确地完成相应的功能，如画面切换、预制位等功能。

（1）运行状态的监视与云台的控制：在工作站上显示运行状态，可将视频信息显示在服务器上。我们要求采用集成监控方式，在集成管理工作站上，可以调用（提供 OCX 格式控件程序）闭路电视监控系统的某个摄像机的监视画面，并控制带云台的摄像机。

（2）可以实现多画面的切换。

（3）闭路监控系统与门禁系统联动：重要位置实现门禁系统与闭路监控的联动，当门禁系统开启，集成平台联动录像机以及矩阵，切换相应位置摄像机画面至规定的监视屏幕，同时录像机启动录像功能。当有人非法读卡或非法闯入有门禁口管理系统的区域，将联动摄像机进行查询。

（4）闭路监控系统与防盗报警系统联动：防盗报警系统出现报警信息，集成平台联动录像机以及矩阵，切换相应位置摄像机画面至规定的监视屏幕，同时录像机启动录像功能。

（5）闭路监控系统与消防系统联动：消防系统报警，集成平台联动录像机以及矩阵，切换相应位置摄像机画面至规定的监视屏幕,同时录像机启动录像功能。

3.13.4　系统集成平台与防盗报警系统的联结

防盗报警系统可与系统集成平台通过串口进行互联。通过集成平台的电子地图,可以显示报警点状态、各区域报警设备的开启、关闭及报警线路故障报警,并可对报警记录生成报表显示。系统的预设功能可以根据业主的需求按时间进行布防。如人流高峰期,可以对重点位置进行布防,而其周界以及出入口等位置不设防;夜间,则实施全部布防。

在逻辑上,系统集成平台以系统客户形式与防盗报警系统连接。系统集成平台从防盗报警系统获取实时的控制状态及其他状态信息和报警,系统集成平台同时监视防盗报警系统的运行。

(1)在照明条件不佳的状况下,当防盗报警系统报警,集成平台联动智能照明系统,开启相应位置照明装置,配合管理人员对现场进行确认。

(2)防盗报警系统报警,集成平台联动门禁系统,关闭相应位置门禁锁,对相应路线进行封锁。

(3)防盗报警信号可以联动报警区域的摄像机,将图像切换到控制室的监视上,并进行录像。

(4)多个报警信号出现时,报警信号可以顺序切换到不同的监视器上,报警解除后图像自动取消,防止漏报。

(5)有人在防盗报警系统设防期间进入安装探测器的区域时,视频安防监控系统可在控制室内自动切换到相应区域图像信号。

(6)在特殊场合,进入房门需经保安人员认可时,CCTV将图像切换到指定的监视器上,由保安人员认可后才可以进入大门。

(7)当防盗报警系统出现报警时,门禁系统也可以按照程序关闭指定的出入口,只能由保安人员打开。

(8)在探测到非法侵入后,集成平台进行声光报警,并记录报警的时间和地点等信息。

(9)集成系统可将报警信息共享,也可打印、生成报表。

3.13.5　系统集成平台与一卡通系统的联结

一卡通系统与InteBASE数据流,以ODBC通信协议实现数据的联结,在智能卡系统,可对其集成子系统智能卡消费系统、停车场系统以及门禁系统进行监控。物理连接方式为由子系统引出网线接入交换机,再由交换机引出网线与集成平台服务器相连。

根据不同的客户端或智能卡集成管理服务器,均可实现对各子系统的控制和查询,对客户授予不同的权限,以便于进行管理。其良好的数据整合功能,可根据不同的管理人员的需要定期输出各种管理数据表。其良好的信息汇总整合能力为物业管理人员,以及各主管领导提供第一手的管理依据。同时,在对数据的整理,以及信息的传递,如会议签到、门禁、车场、考勤、消费运行信息等方面节省了大量的人员。

3.13.6　系统集成平台与停车场系统的联结

停车场管理系统采用OPC数据库方式建立与InteBASE系统通信。IBMS系统通过该接口实时查看车闸状态，对车场进出进行远程操作与控制。同时，车场系统内的数据通过上层网络，按不同用户及用途建立相应的数据库。用户可根据授权查询各自数据，以使系统信息共享，通过集成平台对停车场进出记录进行实时及历史记录的查询。

3.13.7 系统集成平台与门禁系统的联结

门禁系统采用 TCP/IP 接口和 OPC 方式建立与集成平台系统通信。系统平台监视门禁系统各级设备的运行状态，门禁系统内的数据通过上层网络，按不同用户及用途建立相应的数据库。用户可根据授权查询各自数据。同时，门禁系统的系统刷卡信息由集成平台系统整理后发送给物业管理系统，以使系统信息共享（图 3.13-3）。

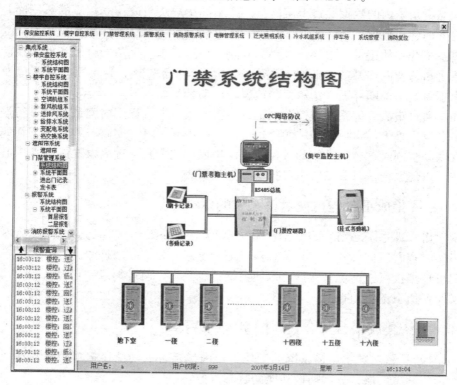

图 3.13-3　门禁系统结构图

系统功能如下：

（1）建立一个完整的统一的监视画面，便于集中管理。

（2）集成平台能够对人员出入的情况进行记录、统计并生成报表。

（3）系统能对运行状态和信号传输线路进行检测，能及时发出故障报警和显示故障位置。系统能在电子地图上显示出各门开关状态与各门的意外报警、未授权刷卡报警、重复进入报警、开门时间过长报警、破坏报警等。

（4）集成系统与门禁系统中的门禁控制、视频安防监控系统等相关系统联动。

1）通过电子地图查询各门禁控制点实时状态、历史记录，包括刷卡记录、发卡记录等。

2）门禁系统与闭路监控系统的联动，根据系统设定特定位置门禁有开启动作，闭路监控系统将打开相应位置的摄像机进行录像，同时将此点图像可切换为主画面。

3) 门禁系统与消防系统的联动，通过安防一体化系统与 IBMS 的连接，可实现出入口系统与消防系统的联动，如当消防报警已经确认，出入口系统释放所有电锁，开启所有通道门。

4) 出入口系统与防盗报警系统的联结，当报警信息确认后，联动相应门禁进行加锁。

3.13.8 系统集成平台与巡更系统的联结

巡更管理系统通信协议为 OPC 数据源建立与集成管理平台的通信，完成对巡更系统的数据表的收集。在程序实现过程中，需要工程公司提供数据源内容及表结构并提供端口开放，开发过程中采用通用的第三方测试软件进行测试连接，保证连接的稳定性及数据的准确性。巡更系统内的数据通过上层网络，按不同用户及用途建立相应的数据库，用户可根据授权查询各自数据。

巡更系统开关的正常、报警，线路的开路、短路状态，设备的自检和保安设防、撤防管理。系统布防期间当系统接收到报警信号时，在集成平台上会立刻显示警报发生点信息，弹出报警电子地图界面，指示报警位置，启动警号。

例如，通过集成管理系统查询巡更记录，保安人员未按规定时间或程序进行巡察，集成管理平台发出报警，报告给相应的管理人员。巡更系统可与闭路监控系统、智能照明系统等实现联动。同时，巡更系统的各种信息由集成管理平台整理后发送给商务中心的相关管理系统，以使系统信息共享，也可打印、生成报表。

3.13.9 系统集成平台与可视对讲系统的联结

可视对讲管理系统采用 ODBC 数据库方式建立与 InteBASE 系统通信。IBMS 系统通过该接口实时查看门口机呼叫，与访客对讲记录等建立相应的数据库。

用户可根据授权查询各自数据，以使系统信息共享，通过集成平台对可视对讲数据记录进行实时及历史记录的查询。

3.13.10 系统集成平台与公共广播系统的联结

InteBASE 平台对数字广播系统可实现大楼内包括各层功能区播放背景音乐、业务语音广播、消防紧急广播、分区切换功能的状态监控：

（1）背景音乐：可对上下班时间及休息时间内，选区进行播放不同的背景音乐功能进行监控；例如，背景音乐播放主要播放一些轻音乐，创造一个舒适的环境。音源可同时播放音乐，可以通过系统集成平台设置对全区或指定的区域进行选区播放不同背景音乐。

（2）音乐铃声：可对系统集成平台进行设置根据需要选用不同的音乐作为上下班铃声，对指定区域播放，为单位增添轻松和谐的气氛。

（3）自动播放：可在平台上根据单位的具体情况编制周一至周日的播放工作表，自动定时定点播出背景音乐、报时音乐等。

（4）紧急（消防自动）报警：当消防报警信号通过控制输入模块进入系统集成主机时，主机根据编程可以依照消防规范执行跨多个子系统的联动，将广播系统自动切换到报警区域进行自动广播，或者对全区进行播放紧急广播。消防广播具有最高优先权，紧急广播是利用消防控制室发出的联动信号，利用控制输入模块自动触发内置消防信号和音频矩阵开关，使音频输出模块开启相应的区域，激活并调用内置消防信号，并用中、英文两种语言进行自动循环广播，直到值班人员通过紧急呼叫站对报警分区进行人工疏散广播，引导人们安全撤离火灾分区，也可通过分区矩阵系统设置，对全区进行紧急广播。

3.13.11 系统集成平台与多媒体系统的联结

智能会议系统通过标准的通信协议与集成平台进行互联。物理连接方式为由子系统引出网线接入交换机，再由交换机引出网线与集成平台服务器相连。可以实现对智能会议系统的远程控制功能，包括灯光、窗帘、投影幕布、音响设备等相关设施的预定功能。

电子会议系统通过集成平台查询会议记录。该系统灵活的将会议控制、多媒体音视频切换、数字式网络化会议终端、专业会议发言、专业会议扩声、无线语音信号传输等功能整合为一体。

通过集成平台可使电子会议系统与投影机、视频展台、公共显示系统、视频设备等产生联动。集成系统也可以控制会议的发言，例如主席单元发言时可自动屏蔽代表单元的语音信号等。

3.13.12 系统集成平台与信息查询发布系统的联结

在集成平台可以对信息的查询和发布系统进行监控。

对信息查询与发布系统进行集中监控管理，使得集成平台上能显示信息查询与发布系统的实时数据。背景音乐及应急广播系统可与 InteBASE 通过标准的通信协议进行互联。物理连接方式为由子系统引出网线接入交换机，再由交换机引出网线与集成平台服务器相连。在逻辑上，InteBASE 以系统客户形式与信息查询与发布系统连接。InteBASE 从信息查询与发布系统获取实时的设备运行状态数据，InteBASE 平台系统同时监视信息查询与发布系统的运行、远程开启/关闭等。

3.13.13 系统集成平台与机房工程系统的联结

系统集成平台与机房工程系统连接后可全面监控机房系统环境设备的运行情况，机房所监控的智能设备或子系统主要包括：配电子系统监控、UPS 子系统监控、精密空调子系统监控、温湿度子系统监控、漏水检测子系统、消防子系统、门禁子系统、视频监控系统、防盗报警子系统等。集成平台实时监测各设备的运行状态，记录和处理相关数据，及时侦测故障和报警信息，并通知相关管理人员处理。可实现机房电源、空调和环境的集中监控维护管理，提高供电系统的可靠性和计算机设备运行的安全性。使得机房管理人员，无论何时何地都能方便地掌握机房的实时运行情况，真正使"无人值守"或"少人值守"机房成为可能。

3.13.14 系统集成平台与能量计量的联结

根据区域、功能和用途对楼内相关联的能耗项目进行分表计量，如冷热源、供配电系统、照明、办公设备和热水能耗。根据区域和功能及用途对设备进行分表分项计量：
(1) 冷热源功耗的计量方式。
(2) 供配电功耗。

（3）空调终端功耗。

（4）电梯功耗。

（5）照明功耗。

（6）插座功耗。

（7）风机功耗。

（8）信息中心功耗。

（9）天然气消耗量的计量。

（10）供冷计量。

（11）热水用量计量。

（12）发电机发电量计量。

3.13.15　系统集成平台与其他系统的联结

支持其他办公系统的技术接口（如 OA、ERP 及物业系统）。系统集成与网络结构已不再只是一个计算与管理中心的规模，过去那种以计算与管理中心为核心的计算机网络结构在今天的网络结构概念中已被企业 Intranet 网络结构所代替，即基于 Internet 技术而发展的更方便，浏览器/服务器系统集成与网络结构模式，特别是在企业 Intranet 的出现，给企业管理带来更强劲的动力和商机，简单易用的 WWW 画面，完全的系统开放性，统一的 TCP/IP 网络协议标准，同时 Intranet 网络与世界各地相连（图 3.13-4）。

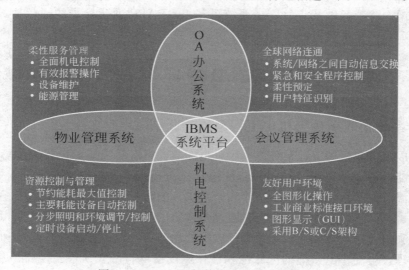

图 3.13-4　IBMS 与其他系统联结控制图

鉴于上述系统集成与网络技术发展的大趋势，以及构成智能建筑的弱电各子系统（BA，OA，CA 等）由各自独立分离的设备功能和信息集成为一个相互关联，完整和协调的综合网络系统，使系统信息高度的共享和合理的分配。因此采用 C/S 架构相结合的结构模式，将 Intranet 技术用于 IBMS 系统集成，将 IBMS 服务器作为企业内部网上的一个专业管理平台，自然融于企业网络中。同时，也可以充分利用原有的网络通信资源，提升已运行的办公自动化系统（OA），并通过开放数据库互联（ODBC）与公共网关接口（CGI）集成，建立 IBMS 实时数据库与办公自动化和物业管理系统等分时数据库之间的信息与数据交换，同时，IBMS 服务器具有热备份的能力，大大地提高了整个系统的可靠性。提升原有 PC 工作站为管理工作站，因此可以使得大厦企业内的行政管理人员在日常事务性管理之中很方便采用浏览器浏览大厦内 IBMS、OA，以及物业管理系统页面，使得管理成为一件十分轻松的事情。

3.13.16 系统管理平台的能源管理模块

1. 概述

能源管理模块采用先进的可编程控制模块，功能强大。该系统采集原系统的温度及运行数据，通过系统建立的用户设备数学模型、能耗运行模型处理，产生控制信号，动态预测运行趋势、提前调整系统运行，从而实现节电降耗和延长使用寿命的双重功能。另外，根据系统实际需求自动调节工况，并可根据管理人员填写的每日气象情况，结合季节、昼夜等变化，每天自动调整系统的运行模式，使系统始终保持在高能效比的工况下运行。同时，通过控制过程的智能化，实现系统远程实时监控，从而达到节能目的。

2. 空调系统节能控制方法

针对空调系统控制方式不能跟随负荷变化而调节系统运行参数和能量供应，造成系统效率降低、能源浪费大、机械磨损严重等问题，提出了一套完整的科学的解决方案，并以当今先进的系统实时动态模拟与跟踪技术、系统控制技术、集成技术相结合，而形成了最新节能产品能源管理模块。

能源管理模块除能在国内外处于领先水平，具有高效节能的显著效果。根据空调系统的不同状况，可使空调系统节能 5%～20%。

能源管理模块除能实现空调系统的高效节能以外，同时可减少设备故障和延长设备使用寿命。

（1）能源管理模块管理节能控制的基本思想

能源管理模块是目前最先进的节能控制产品，它与当今普遍使用的控制模式相比，具有以下特点：

1）实现高效节能。

能源管理模块管理专家节能控制系统突破了传统空调系统的运行方式，通过对空调系统能源运行进行系统的数学模拟和动态控制，实现系统跟随末端负荷需求而同步变化，在系统的任何负荷条件下，都能既确保空调系统的舒适性，又能实现最大的节能。

2）保障主机始终保持高的热转换效率。

能源管理模块的基本思想就是按照空调系统所要求的最佳运行参数去控制系统的运行，根据系统的运行工况的变化，通过模型预测并动态调整系统运行参数，确保主机始终处于优化的最佳工作点上，使主机始终保持具有较高的热转换效率，提高了系统的能源利用率。

（2）能源管理模块系统控制原理

能源管理模块系统如图 3.13-5 所示。

能源管理模块的核心是控制软件。是以系统动态能耗模型为基础的预测控制，适合于空调系统这样复杂的、非线性的和时变性系统的控制。

系统由控制接口、设备模型、建筑物模型、系统运行模型、数据库等构成。控制的核心是系统动态能耗模型，利用数学模型对系统进行处理，实现对复杂系统的趋势预测与控制。

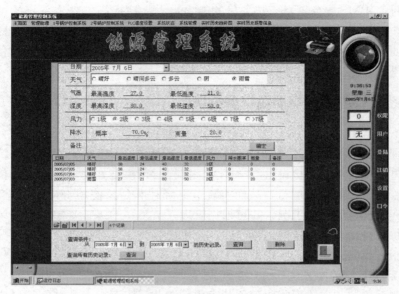

图 3.13-5　能源管理系统

在控制过程中，数学模型构成自寻优的控制策略。当空调系统负荷变化造成主机及其水系统偏离最佳工况时，系统模型根据数据采集得到各种运行参数值，如系统供回水温度、供回水压差、流量及环境温度等，经推理运算后预测系统的变化，输出优化的控制参数值，对系统运行参数进行动态调整，确保主机始终处于较佳运行工况。

（3）能源管理模块的特点

1）技术先进，具有趋势预测控制功能。

充分利用了当代最新科技成果，采用具有趋势预测控制功能，使系统具有优化控制功能，可以根据空调系统运行环境及负荷的变化，预测并择优选择最佳的运行参量和控制方案。

2）动态负荷跟随，实现高效节能。

突破了传统空调系统的运行方式，实现系统负荷的跟随性，实现系统运行的趋势预测和动态调整，确保主机始终处于优化的工作状态下，使主机始终保持高的热转换效率，既确保空调系统的舒适性，又实现节能。

3）多参量控制，运行安全可靠。

① 有效克服控制过程的振荡。采用系统模型控制，在系统出现外来扰动（如负荷变化）时，能自动适应地调整系统并消除扰动，使系统能很快趋于新的优化的运行状态，不会引起振荡，系统运行稳定可靠。

② 全面的保护功能。

③ 有效的抗干扰措施。系统设置了操作权限管理功能，可有效防止非授权人员的无意或蓄意访问系统，确保系统数据的采集、传递、储存、使用的安全性。

4）人性化设计，使用操作简便。

遵循"以人为本"的人性化设计理念，系统的软、硬件设计都从用户操作使用的方便出发，提供了全汉化的中文软件界面，以及非常直观的图形和图表，以满足不同管理人员和操作人员的使用习惯，使操作人员易于理解、易于学习，让不熟悉计算机的人员也能快速掌握和操作整个系统，很快胜任运行管理工作。

（4）空调系统功能

能源管理模块提供了一个先进的智能化的空调系统运行管理的技术平台。如果把您丰富的运行管理经验和运行要求输入计算机，它就会忠实地自动执行您的旨意，让您使用和管理您的空调系统更加省心省力。

1）运行管理功能。包括启、停运行选择策略，年控制策略，周日控制策略，分时段服务质量控制策略，季节修正策略，系统维护预测策略等。

2）数据管理功能。包括权限管理，能耗分析，故障记录，操作记录等。

3）参数设置功能。系统可根据需要对服务质量（即末端效果）进行设置。服务质量依据需求的不同分为多个级别。

4）系统控制功能：

① 控制方式。手动控制；自动控制。

② 控制内容。启动、停止及运行控制。优化各子系统之间运行模式、调整系统间配合方法，加强相关系统间的联系。提供系统跟踪和预测环境变化的方法，能够每天调整运行模式。实现系统内设备控制的产品、厂商无关性。对现有系统不做大的变更，不影响现有设备控制系统的正常运行。调整有问题，可及时恢复原设置，不影响正常的工作和物业公司的日常管理。

真正的分级管理和透明操作，业主管理宏观指标、物业公司管理系统的运行。自动生成记录和报表，简化并加强业主各部门之间、业主和物业公司之间的交流，提高效率。

简单直观的界面，有助于用户掌握系统并降低培训使用费。

开放的接口、多样化的驱动，使用户更新、增添设备时，可货比三家，无须过于担心新旧设备的兼容。

5）节能是指建筑内能源消耗和合理利用之间的平衡关系。按规定选用节能型设备是节能措施的一个方面。利用智能化系统进行智能控制，不但能够实现原有传统建筑的节能，更重要的是可以通过智能化系统中各种先进的管理理念来实现优化控制和调整。

6）在运行能耗中，由于供暖、通风、空调、照明能耗所占比重大，采用能源管理模块实现对变配电、供暖、通风、空调、照明、电梯、变配电等系统节能的方法。

7）在系统集成平台上，楼宇自控系统、冷水机组、电量计量系统、热量计量系统、智能照明系统、消防火灾报警系统、门禁系统等各个子系统的信息可以自由通信，建筑设备的控制不再仅仅局限于单一设备或单一系统的反馈控制，而是从建筑整体能耗的角度考虑各个系统的协调控制。

8）在建筑系统集成平台上，对建筑进行综合能耗管理，使实现建筑设备系统的协调运行和综合性能优化成为可能。"可操作的协调级的控制策略"是实现建筑节能的重要手段，而可操作的协调级的控制策略必须是在高程度的系统集成的平台实现，能源管理模块充分利用网络技术与智能控制方法进行建筑设备控制，在线进行系统能量优化管理和优化能源配置，实现了建筑物"高性能设计"、"集成控制"和"动态控制"。

9）能源管理模块能自动显示空调、新风机、给水排水等机电设备及照明、电梯、变配电的位置和状态；对所获取的参数进行分析、整理和判断，提供节能和优化的控制方案。

能源管理模块可以统计出以下各子系统用电量图（图3.13-6～图3.13-11）。

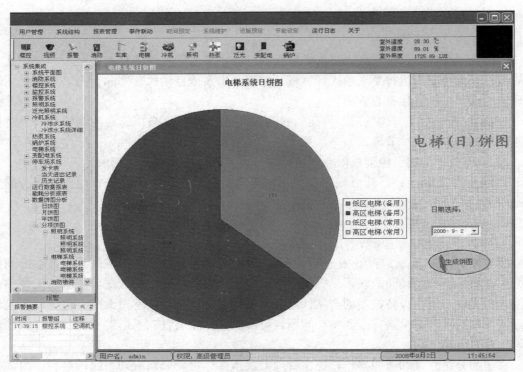

图 3.13-6　电梯系统用电量图

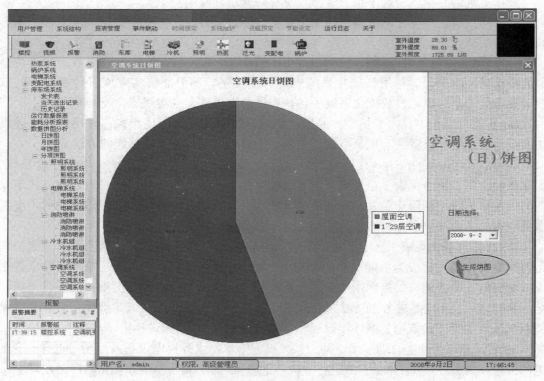

图 3.13-7　空调系统用电量图

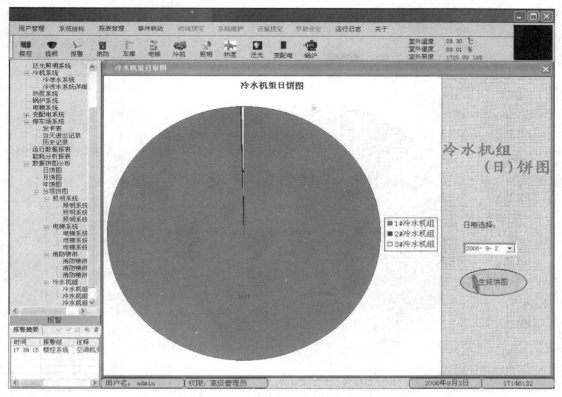

图 3.13-8　冷水机组系统用电量图

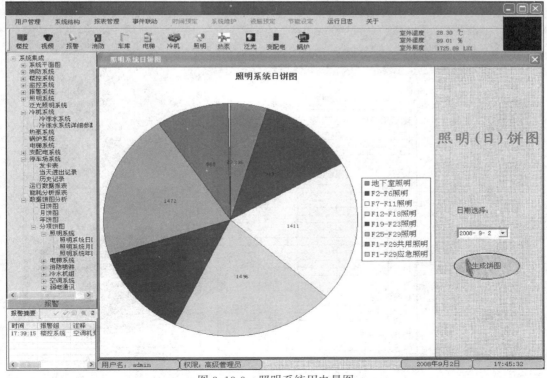

图 3.13-9　照明系统用电量图

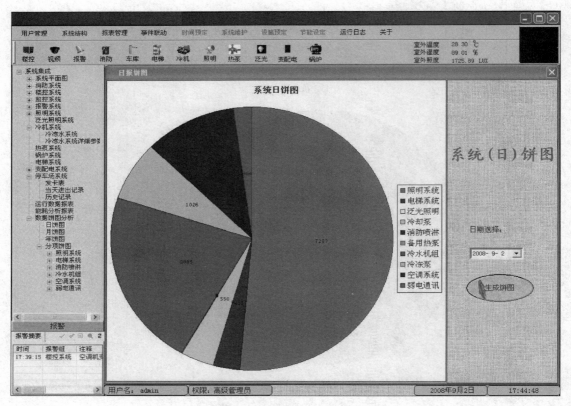

图 3.13-10　弱电系统用电量图

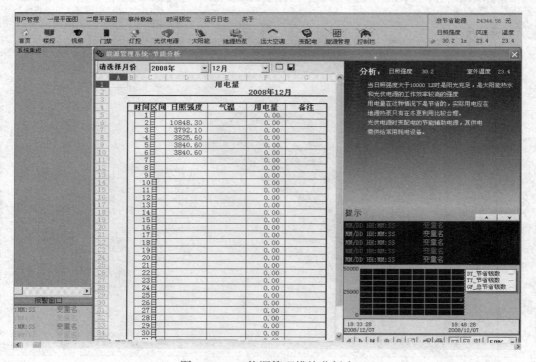

图 3.13-11　能源管理模块分析表

178

能源管理模块对能耗各子系统能量的报表统计，以年、月、日饼、柱图不同方式表示及对比（图 3.13-12）。

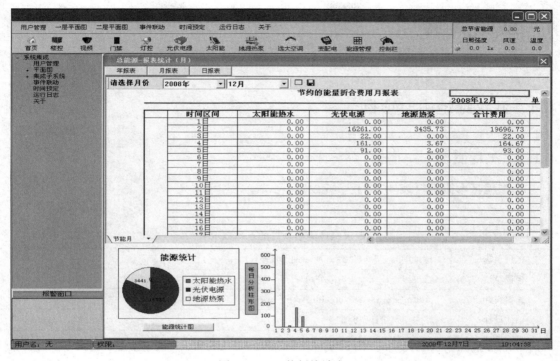

图 3.13-12　能耗统计表

4 实施案例

4.1 武汉绿地中心项目

4.1.1 工程概况

1. 工程基本概况（表 4.1-1）

武汉绿地中心项目的基本概况表 表 4.1-1

工程名称	绿地国际金融城 A01 地块-1 期 1 号楼
建设单位	武汉绿地滨江置业有限公司
建筑设计	Adrin Smith＋Gordon Gill Architeure
结构设计	华东建筑设计研究院
机电设计	华东建筑设计研究院
机电顾问	栢诚(亚洲)有限公司
监理单位	上海市建设工程监理有限公司
总包单位	中建三局集团有限公司
建筑高度/楼层数/ 总建筑面积	建筑物高度 475m/地上楼层数 100 层/建筑面积 32 万 m²
工程地址	武汉市武昌区和平大道 840 号

武汉绿地中心项目位于武昌滨江商务区核心区域，是武汉新一轮城市发展的重点区域，主塔楼临江而立，整体外观呈流线型，下粗上细，顶部是一个光滑的穹体，主塔底座俯视图成"三瓣形"，是武汉三镇地势的抽象化体现。项目定位为"绿色节能建筑"。外表皮是呼吸式幕墙系统，建筑能充分吸收阳光，最大程度地减少能耗，太阳能电板可为整栋大厦提供光伏发电，提供太阳能热水，大厦内部装有智能环境监控、诱导式风机系统，可自动送新鲜空气，可直接抽取湖泊水用于冷却，进行水回收和循环利用。

楼层功能分布见表 4.1-2。

楼层功能分布表 表 4.1-2

楼层	功能	楼层	功能
B1~B5	商业、设备用房、停车	3F	设备层
1F	大堂、公共空间	4F~12F	一区办公区
2F	设备层	13F	避难层

楼层	功能	楼层	功能
14F~22F	二区办公区	65F	设备层、避难层
23F	避难层	66F	公寓区空中大堂
24F	办公区空中大堂	67F~74F	精品公寓区
25F~33F	三区办公区	75F	设备层
34F	设备层	76F~85F	精品公寓区
35F	设备层	86F	设备层、避难层
36F~44F	四区办公区	87F~95F	酒店区、健身房、酒店游泳池、酒店接待、酒店餐饮
45F	避难层		
46F~54F	五区办公区	96F	酒店空中大堂
55F	避难层	97F	酒店餐饮、会所
56F~62F	六区办公区	98F	设备层
63F	设备层	99F	设备层
64F	设备层	100F	停机坪

2. 机电工程概况

机电工程范围包括机电系统的深化设计（包含综合管线设计及土建配合图）、供应、安装、检验测试、调试、验收及保养，主要包括给水排水系统、暖通空调系统、厨房排油烟系统、强电系统、消防系统、弱电系统（含火灾报警）、燃气系统、泛光照明系统、电梯系统等。

（1）给水排水系统

给水排水系统由室外给排水系统，室内给水、排水、热水系统，中水系统，雨水系统组成。

1）室外给水排水系统。室外给水系统由武车中路和武车二路两个方向从市政给水干管各接一条 $DN300$ 的进水管，布置成环，接入 B5F 水泵房。室外排水总管分布于四条主干道附近，由若干条排水管接至市政总管进行排水。

2）室内给水、排水、热水系统。地下车库冲洗用水采用市政直供方式。酒店设置单独的供水系统，地上功能区采用串联水泵-水箱供水方式；地下后勤区采用全流量变频泵供水，设置酒店宴会厅、后勤用水净水池 85 m^3；设置酒店洗衣房软水池 50 m^3。办公、公寓设置一套串联水泵-水箱供水系统。室内污、废水采用分流制，设置主通气立管。

3）中水系统。本项目收集酒店和单元式办公的优质杂排水、泳池排水和 63F 以上空调机房的冷凝水，经适当处理后用于下区办公卫生间的冲厕、场地绿化和水景用水。

4）雨水系统。由重力雨水系统和虹吸雨水系统组成，楼上室外小平台处屋面雨水收集后通过重力排入市政雨水管网；大堂雨篷采用虹吸排水，排入市政雨水管网。

（2）消防系统

消防系统由室外消防系统、室内消火栓系统、室内喷淋系统、气体灭火系统等组成。

1）室外消防系统。主要有室外消防环管和室外消火栓、消防水泵接合器。

2）室内消火栓系统。系统为重力常高压消防系统，设消防转输/减压水箱。屋顶最高处设置 50 m³ 消防水箱，服务于上部临时高压消防系统。

3）室内喷淋系统。分为普通水喷淋系统、窗喷系统、大空间智能水灭火系统、水炮灭火系统和水喷雾灭火系统。地下室发电机房、锅炉房采用水喷雾灭火系统。

4）气体灭火系统。变电所等重要电气、弱电房间采用 IG541 气体灭火系统，地下室分散较远的小控制室和油罐间等设置无管网七氟丙烷系统。

（3）暖通系统

暖通系统包含：空调风系统、送排风系统、防排烟系统、冷热源系统、地板采暖系统。

1）空调风系统。地上办公区域采用全空气变风量空调系统，内区设置单风道变风量末端，外区设置四管制风机盘管，每层设置两台变风量空气处理机组，室外新风经与空调排风进行集中的全热交换后，通过空调机房内的竖井接至各层面空气处理机组。酒店客房、单元式办公等小空间用房采用四管制风机盘管加新风系统的形式，新风处理机组按区域设置。

2）送排风系统。酒店客房、单元式办公、办公区域卫生间排风系统采用集中形式，通过门缝或与其他室内空间连通的连通管进行自然补风，并与室外新风系统结合采取全热回收措施，回收排风中的能量。

3）防排烟系统。防烟楼梯间及前室、合用前室、扩大前室（B1 宴会前厅）、辅助逃生电梯前室的防烟系统采用机械加压送风，防排烟系统由消防控制中心集中控制。

4）冷热源系统。包括：冷源系统、热源系统、冷却水系统和租户预留冷却水系统。办公和单元式办公合用冷、热源系统，设置 3 台 2000RT、2 台 600RT 离心式制冷机，预留一台 2000RT 机位，主立管分开并设能量计计量。冷源系统另外设置水-水换热器，通过与冷却水换热获得空调冷水，用于冬季或过渡季节，节省空调运行能耗。冷源系统另外设置水-水换热器，通过与冷却水换热获得空调冷水，用于冬季或过渡季节，节省空调运行能耗。空调系统、生活热水及其他工艺蒸汽用量的需求均来自锅炉房，蒸汽通过管道输送至办公、公寓、酒店的各压力分区，经各分区的汽-水换热器与空调、生活热水系统换热后供至末端。

（4）电气系统

电气系统包括：供配电系统、泛光照明与智能照明控制系统、电气火灾智能监控系统、电能管理系统（EMS）、建筑设备监控系统（BAS）、能耗监测管理系统、智能应急照明疏散系统。

1）供配电系统。大厦属于一类超高层公共建筑，主要功能为办公、五星级酒店及单元式办公，按一级负荷要求供电。供电局提供八路四组 10kV 高压电源，每组两路 10kV 电源从供电局两个不同的区域变电站引来，以电缆埋地方式进入建筑物地下二层 10kV 配电间。后由垂直管井送至大楼各设备层。办公和单元式办公设置 3 台 2000kW（常用载功率）10kV 柴油发电机组、为酒店设置两台 1600kW（常用载功率）10kV 柴油发电机组，作为消防电力设备应急电源和大楼内重要负荷的备用电源。预留 3 台 2000kW（常用载功率）高压 10kV 柴油发电机组的安装位置作为银行、数据中心、金融租户等的备用电源。

2）泛光照明与智能照明控制系统。本建筑设置的照明系统有一般照明、应急照明、景观照明、航空障碍灯等。景观照明、泛光照明、航空障碍灯照明以及商业广告照明应根据环境亮度进行光电自动控制；智能照明控制系统采用 KNX 总线标准，采用完全分布式集散控制系统，集中监控，分区控制，管理分级。

3）电气火灾智能监控系统。本工程设置两套电气火灾监控系统（酒店和办公分开设置），在楼层总配电箱进线处设置保护。监控主机设置在消防控制室。所有监控器按照只报警不跳闸设计。

4）电能管理系统（EMS）。电能管理监控系统（EMS）应作为 IBMS 一个相对独立的子系统。本项目的 EMS 系统按照酒店区域和办公区域分为两套；监控管理内容包括：10kV 中压配电系统、低压配电系统、变压器、直流电源装置、UPS、EPS、ATSE、自备应急柴油发电机组等。

5）能耗监测管理系统。能耗监测管理系统应作为 IBMS 一个相对独立的子系统。能耗监测范围包括整个建筑的用电、用水、燃气、燃油、集中供冷、供热，对照明插座系统电耗、空调系统电耗、动力系统电耗和特殊用电电耗进行分析评估。

（5）弱电系统

弱电系统包括：火灾自动报警系统、公共及应急广播系统、综合布线系统、双向有线电视系统、安保系统、门禁系统、无线对讲通信系统、电子巡更系统、电梯监视控制系统。

1）火灾自动报警系统（FAS）。本工程为一类超高层建筑，火灾自动报警系统保护等级为特级，消防系统为控制中心报警系统。火灾自动报警系统按环形总线形式设计。

2）公共及应急广播系统。广播系统平时播放背景音乐，当发生紧急情况时，可按消防规范的要求切换进行应急广播。避难层应急广播采用单独回路接收有线信号，并宜能接收无线播音信号。兼用应急广播的扬声器应满足消防要求。

3）综合布线系统。水平系统选用 6 类 UTP 传输数据及语音信号，语音主干线缆采用3 类大对数铜缆，数据主干线缆采用 6 芯/12 芯多模光纤。电信间内明装 "GCS" 配线柜，选用 19″ 立式机柜。

4）双向有线电视系统。有线电视系统采用 860MHz 光纤-同轴电缆混合（HFC）双向传输网络技术，信号经双向用户放大器放大，以分配分支方式设计。

5）安保系统。摄像机电源应由控制室集中供电。在残疾人专用厕所门框上方设有声光报警器，同时将报警信号送至安保控制中心，中心可显示报警位置。

6）电梯监视控制系统。消防联动控制器应具有发出联动控制信号强制所有电梯停于首层或电梯转换层的功能。电梯运行状态信息和停于首层或转换层的反馈信号，传送给消防控制室显示，轿厢内设置能直接与消防控制室通话的专用电话。

4.1.2 主要施工技术

1. 基于 BIM 的深化设计的应用

本项目主塔楼公共区域、户内、机房、管井等全部采用基于 BIM 的深化设计技术，对管线进行优化排布，对技术方案进行模拟实施、规划支架设置位置，把问题放在方案阶段解决，尽量避免现场拆改，提高现场的施工效率。

本项目管线综合布置采用 REVIT 软件，绘制 1:1 三维模型，优化调整机电管线。实施步骤如下：

（1）施工图纸会审

熟悉设计图纸，了解设计意图，掌握系统走向、管道的规格和材质，不同管道的间距要求和检修空间要求。发现问题及时记录，并与设计人员沟通交流，完善施工图。

（2）专业图纸优化并绘制模型

根据优化后的专业图，绘制各专业三维模型。

（3）管线综合排布

标准层层高 4.5m，主钢梁高 0.6m，板厚 0.125m，建筑面层 0.15m，办公区装修要求净高 3m，公共区装修要求净高 2.8m。经过管线综合排布：调整交叉碰撞管线、分层排布优化标高、修改管道长宽比来压缩净高等方法，对空间进行合理分配，在满足设计要求和装修标高的前提下，做到整齐美观。整合各专业模型后，按照小管让大管、有压让无压等综合管线排布原则，对主管道进行综合排布。

以标准层走道为例：①原设计排烟支管与空调送风主管标高冲突，综合排布后，将排烟支管往上调至梁窝；②原设计两条弱电桥架中间夹着一根强电桥架，为了避免对弱电信号的干扰，方便施工，将强弱电桥架位置调换，且保证强弱电桥架水平间距不小于300mm；③原设计两根气体灭火管道靠墙边上下排布，为了便于综合支架的设置，将气体灭火管与桥架放在同一层标高，且保持底平，这样也保证的走道的美观性；④原设计排烟管高度为 400mm，且需要做 40mm 后的岩棉隔热层，另需外包 9mm 的防火板，桥架的高度为 100mm，考虑桥架的放线和检修空间、支架空间和精装修吊顶空间，走道净高最终只能达到 2700mm，不能满足业主要求的 2800mm 净高。为此，我们对排烟风管的管径进行优化，由原设计的 1100mm×400mm，调整为 1100mm×350mm，且优化后风速为 13m/s，满足规范要求。另外，考虑充分利用风管支架占用的空间，压缩风管与桥架之间的间距。经过优化后，最终节约 100mm 的空间，达到 2800mm 的净高要求（图 4.1-1）。

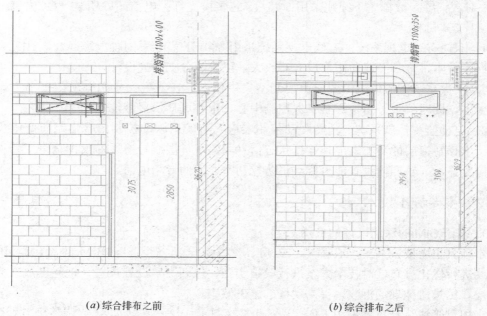

(a) 综合排布之前   (b) 综合排布之后

图 4.1-1　综合管线排布对比

（4）碰撞检查

在主管线初步调整完成后，利用软件自带的碰撞检查功能，生成模型的碰撞检查报告，包含管道与管道之间的碰撞、管道与保温层的碰撞、管道与结构的碰撞、管道与墙体的碰撞等（图 4.1-2）。

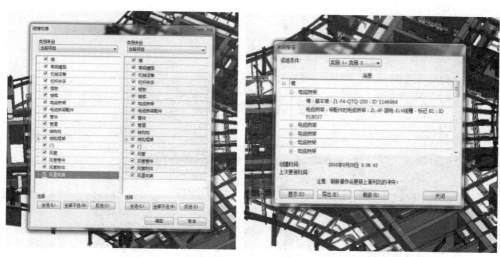

图 4.1-2　管线碰撞检查

（5）碰撞调整

根据检查报告，逐个分析碰撞原因，优化调整布置方案，管线与结构碰撞的，调整管线的标高；管线之间碰撞的，局部翻弯避让或者整体调整标高，直至检测模型零碰撞（图 4.1-3）。

图 4.1-3　碰撞调整

（6）导出施工图

对各专业管线进行尺寸、标高、定位的标注，并绘制剖面图，最后导出二维 CAD 综合图纸供现场施工用（图 4.1-4）。

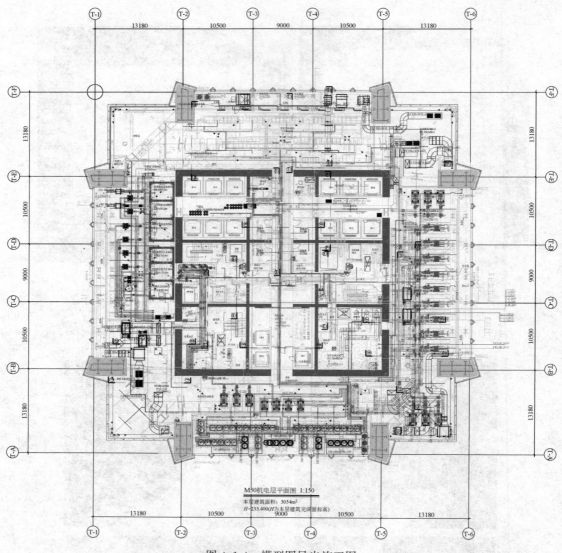

图 4.1-4　模型图导出施工图

通过基于 BIM 的深化设计技术，实现了走道净高的提升，实现了空调机房、制冷机房、水泵房内管线排布美观性的需求，实现了机房的可视化装配施工。有效解决了净高问题，通过综合排布，提前发现问题。通过梁上预留洞，调整管线路由，修改管道尺寸方式提升净高，主楼标准层通过综合排布，办公区净高由 2900mm 提升至 3000mm，走道净高由 2700mm 提升至 2800mm；副楼商业区通过综合排布，净高由 3500mm 提升至 3600mm。

2. 基于 BIM 测量机器人指导机电施工的应用

基于 BIM 技术测量机器人指导机电施工，使用精确的 BIM 数据，高效高精度完成放线，通过现场测量机电安装施工完成面的三维坐标信息，检查管线和设备安装的水平度、垂直度、直线度等情况。具体流程如图 4.1-5 所示。

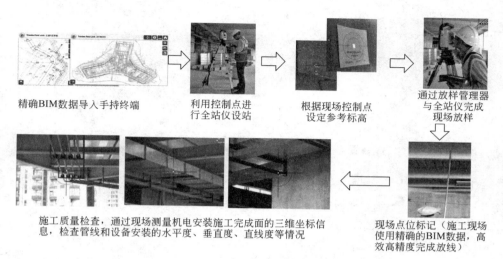

精确BIM数据导入手持终端 → 利用控制点进行全站仪设站 → 根据现场控制点设定参考标高 → 通过放样管理器与全站仪完成现场放样

施工质量检查，通过现场测量机电安装施工完成面的三维坐标信息，检查管线和设备安装的水平度、垂直度、直线度等情况 ← 现场点位标记（施工现场使用精确的BIM数据，高效高精度完成放线）

图 4.1-5　基于 BIM 测量机器人指导机电施工流程图

基于 BIM 测量机器人指导机电施工大大提高了放线效率，以 3000m² 标准层为例，对机电、水电、风三个专业风管、桥架、水管支架、管线生根点进行放线，放线点约 600～700 个，见表 4.1-3。

传统方法与 BIM 全站仪放线对比表

表 4.1-3

项目	传统人工测量放线	BIM 全站仪放线
实施方法	4 人操作实施，采用红外线，墨线、卷尺等工具	采用机器人全站仪放线，一人操作手部，一人打点
施工时间	3～4d	1.5d
优缺点	操作方法简便，但效率低下	节省人工，操作简便，购置设备费用较高

3. 风管的数字化加工的应用

首先，原材料进厂时，质量检验人员对原材料进行质量检验。然后，以设计院提供的设计图纸为依据，按照国家法律、法规和标准规范的规定，满足业主净高要求，进行基于 BIM 的深化设计。三维深化设计满足要求后，导出风管专业模型；将风管直管段和管件分段，再对直管段进行标准节分段。标准直管段采用 1.2m 的镀锌钢板卷材，考虑翻边，共板法兰连接风管分段采用 1160mm，不足标准尺寸的管段定义为短管。

根据分段图，统计清单料表。根据清单料表，设定相应参数，进行布料，自动排料，生成 FNC 文件，输入设备执行生产命令（图 4.1-6～图 4.1-8）。

质量检验人员依据国家规范、设计要求、施工深化图以及预制加工图，对加工后的成品和半成品及时进行质量检验，粘贴二维码标签。

根据施工进度计划，组织、协调现场分送、吊运准备工作，并踏勘预制组装件现场安装部位，配备必要的起重设备或协调现场原有的起重设备。按施工图进行合理的分配、排列，并根据规范要求先行制作支吊架，再将半成品管线安装到位。

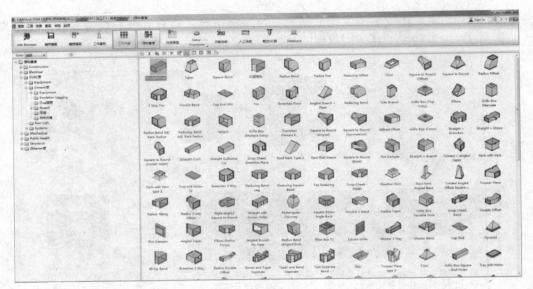

图 4.1-6　布料

图 4.1-7　输入命令机器执行命令

图 4.1-8　预制完成的半成品

4. 超高层建筑设备移动吊笼吊装技术的应用

用"机电设备吊装用特制吊笼"，使得吊装准备工程量大大减小，材料、人工、机械费最大程度降低，很好的起到了为项目降本增效的作用，也为后期项目的设备管道安装提供了便利的条件，节约施工工期。

在进行吊笼制作加工前，掌握设备尺寸及重量，主要用于吊装板式换热器、变压器、高低压柜等设备。根据设备尺寸及重量，设计专用吊笼（图4.1-9、图4.1-10）。

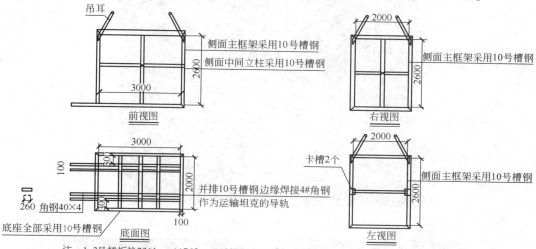

注：1. 3号楼板换2361mm×765mm×2210mm，重3t；
  2. 3号楼变压器2600mm×1700mm×2400mm，重3.8t；
  3. 吊笼重500kg；
  4. 移动吊笼吊耳与连接点采用单面满焊的方式；
  5. 所有焊接连接点采用双面满焊的方式；
  6. 4#角钢做的导轨与10号槽钢采用点焊方式，焊点间距为100mm。

图4.1-9　吊笼加工图

图4.1-10　吊笼法实施吊装设备

5. 机房装配化施工技术的应用

首先，以确定厂家的技术资料，建立设备及设备附件的族，大到制冷机组，小到阀门螺栓、管道支架。然后，搭建三维模型，排布管道、设备，精准建模，形成综合模型，并调整至零碰撞，并进行管道支撑体系分析，保证管道和设备的承载支架受力安全（图 4.1-11、图 4.1-12）。

图 4.1-11　机房三维模型搭建

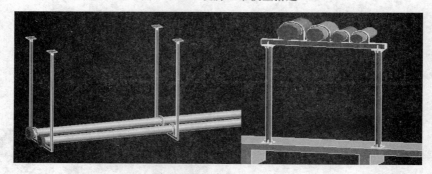

图 4.1-12　布设管道支架

模型搭建完成后，根据预制加工和运输条件确定管段分节。导出预制加工图，并进行编号（图 4.1-13～图 4.1-15）。

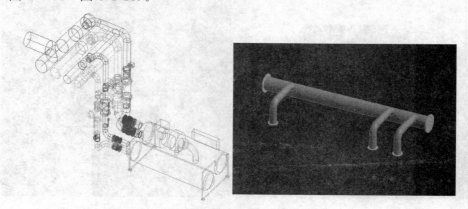

图 4.1-13　管道分节

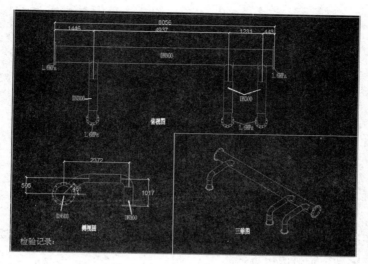

图 4.1-14　分段导出分节图

图 4.1-15　分段编号及加工图

　　按照预制加工图，用机器执行切割、坡口、挖孔、焊接，制作成预制半成品。半成品质量检验人员依据国家规范、设计要求、施工深化图以及预制加工图，对加工后的成品和半成品及时进行质量检验，粘贴二维码标签（图 4.1-16、图 4.1-17）。

图 4.1-16　机器进行预制加工

图 4.1-17　制作完成的半成品件

　　加工好的预制件，根据预制组装件现场安装部位和运输路径，配备必要的起重设备进行起重吊装，运输到指定机房位置（图 4.1-18）。

图 4.1-18　预制件运输

最后，进行机房装配施工（图 4.1-19）。

图 4.1-19　装配完成的制冷机房图

4.2 深圳平安国际金融中心项目

4.2.1 工程基本概况

深圳平安国际金融中心工程由中国平安人寿保险股份有限公司投资建设，是目前深圳市第一高楼（图 4.2-1），项目概况详见表 4.2-1。

图 4.2-1 平安国际金融中心

平安国际金融中心项目概况表   表 4.2-1

工程名称	深圳平安国际金融中心
建设单位	中国平安人寿保险股份有限公司
建筑设计	康沛甫建筑咨询有限公司(KPF)
结构设计	宋腾添玛沙帝结构工程师事务所(TT)
国内设计院	中建国际设计顾问有限公司(CCDI)
机电顾问	澧信工程顾问有限公司(JRP)

监理单位	上海市建设工程监理有限公司
机电总包单位	中建三局集团有限公司
建筑高度/楼层数/总建筑面积	建筑物塔顶高度 592.5m,结构高度 555.5m,地上 118 层,地下室 5 层,裙楼 10 层,总建筑面积 46 万 m²
工程地址	广东省深圳市福田区益田路 5033 号

机电总承包工程合同金额为 12.86 亿元,包括通风空调、强电及变配电、发电机组、给水排水、消防、楼宇自控、停车管理、会议影音、制冷站及控制系统等 20 多个机电专业系统,其中空调系统总冷负荷为 12910 冷吨,设计总蓄冰容量为 40000 冷吨时,变配电总容量 58330kVA,发电机总负荷为 20000kVA。

4.2.2 主要施工技术

作为国内建筑行业第一个双总包(建筑施工总包+机电施工总包)强强联合模式,平安国际金融中心机电总承包项目部大胆创新与探索,形成项目独有的"靶心"理念:统筹组织、集成管理、协调服务。从计划管理到深化设计,从工厂预制到全息验收,机电总承包项目部将 BIM 技术始终贯穿项目建设,实现由"现场实物"向"数字建造"的模式转变。

1. BIM 私有云平台

私有云平台的搭建,一是通过平台账户的权限设置,保证模型数据以及图纸流转安全性和稳定性,便于机电总承包统筹 BIM 数据及图纸的管理工作;二是通过平台建立项目工程信息集成管理制度,全程把控工程信息数据的动向,使项目总承包管理工作更加精准;三是充分利用云计算功能,项目通过云计算技术解决因为模型信息量大、电脑硬件跟不上的问题,减少了 BIM 技术对计算机硬件设备的依赖(图 4.2-2)。

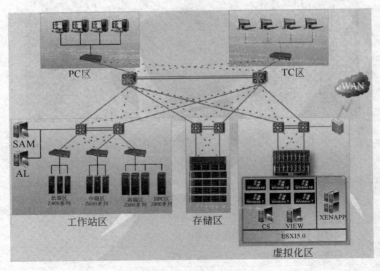

图 4.2-2 BIM 私有云平台架构

BIM 私有云平台的搭建，为项目机电总承包深化设计工作、BIM 技术开发应用以及信息化集成工作提供强有力的硬件支持和保障，大大提高项目机电总承包技术工作管理效率；同时也为项目大数据库的形成创造条件，更为基于 BIM 大数据库的深度应用（运维管理平台）奠定基础。

2. 基于 BIM 三维深化出图

通过 BIM 技术进行三维出图是设计行业发展的大趋势，作为机电总承包方，图纸的深化设计质量至关重要。项目严格按照 BIM 三维模型转 CAD 二维图纸出图的方式执行（图 4.2-3、图 4.2-4），将现场施工碰撞点提前在深化阶段消除，减少现场施工拆改浪费，降本增效。针对机电核心机房部位，项目部实施 BIM 三维演练，组织参建各方对排布观感效果进行评定，提升机电总承包深化设计管理水平，为现场施工指导打下坚实基础。

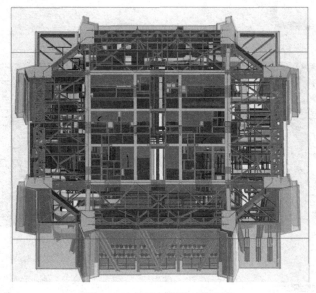

图 4.2-3　BIM 模型三维深化

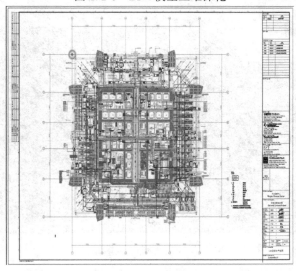

图 4.2-4　CAD 二维出图

3. 超高层虚拟仿真施工技术

项目部应用超高层虚拟仿真施工技术与 BIM 技术相结合，对项目重要施工工艺及吊运方案等进行虚拟建造，通过模型演练论证，指导现场施工。通过虚拟仿真演练与现场实际相结合的方式，让业主、监理及施工方更直观了解方案实施过程，便于查找方案风险因素，论证其可实施性。目前，项目部对机电重要施工工艺、设备调运方案（尤其是超高层设备吊装）已积累了大量的虚拟仿真施工技术成果，具有代表性的有 B2 层柴油发电机组运输路径（图 4.2-5、图 4.2-6）、塔楼板式换热机组吊装（图 4.2-7、图 4.2-8）、室内超大空间冷却塔吊装（图 4.2-9、图 4.2-10）。

图 4.2-5　柴油发电机组运输路径（一）

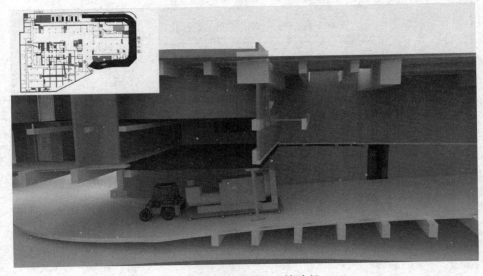

图 4.2-6　柴油发电机组运输路径（二）

图 4.2-7 塔楼板式换热机组吊装（一）

图 4.2-8 塔楼板式换热机组吊装（二）

图 4.2-9 室内超大空间冷却塔吊装（一）

图 4.2-10　室内超大空间冷却塔吊装（二）

超高层虚拟仿真技术在项目上成功运用的同时，项目也荣获了多项省级工法（图 4.2-11），取得了良好的社会效益。

省 级 工 法 证 书

工法名称：超高层建筑设备移动吊笼法吊装工法

批准文号：粤建市函〔2016〕1335号

工法编号：GDGF165-2015

完成单位：中建三局第二建设工程有限责任公司

主要完成人：张振杰、钟剑、邓亚宏、伍学智、胡恒星、
邓从蓉、程鹏、韩汝佳

二〇一六年五月十六日

省 级 工 法 证 书

工法名称：超高层建筑室内冷却塔分段整体吊装及拼装施工工法

批准文号：湖北省住房和城乡建设厅公告第24号

工法编号：HBGF019-2016

编制单位：中建三局第二建设工程有限责任公司

工法主要完成人：胡建云、钟剑、时兴洪、程鹏、张振杰

湖北省住房和城乡建设厅

2016年12月30日

图 4.2-11　省级工法证书

4. CFD 气流组织模拟

平安国际金融中心项目冷却塔群及风冷热泵机组设于塔楼内，进/出风量、散热量能否达到设计效果、混流现象是否存在等问题是设备选型和空间布置等深化设计的重难点，如何确保在施工前消除这些疑难技术，确定一个合理的方案，从而指导施工至关重要。

针对这一现状，项目团队联合国内知名院校，利用 CFD 软件（Computational Fluid Dynamics，即计算流体动力学），在 BIM 模型的基础上，建立相应的物理模型和数学模型，设定边界条件，并借助工作站级的计算机，应用离散化的数学方法，对流体力学的各类问题进行数值实验、计算机模拟和分析研究。通过这一技术，项目部开展了冷却塔群 CFD 模拟技术的研究和方案论证工作，研发出了"冷却塔群 CFD 模拟技术"。通过对气流组织进行科学合理分析，进行优化设计方案，消除了设备安装后期整改的隐患，保障了业主及项目的利益。

通过 CFD 模拟技术，对设置在塔楼内设备进行选型参数复核，项目部完成对标准层冷却塔群及风冷热泵机组气流的组织分析，为系统功能的实现提供了有力保障。

5. 测量机器人指导机电管线施工技术

BIM 技术与测量机器人的结合，拓展了 BIM 技术在机电施工行业上的应用，打破传统机电施工的壁垒。两者的结合，在技术上展现出其在行业内的先进性，并显著提高了工作效率及施工精准度，预计节约人工成本约 30%（图 4.2-12）。

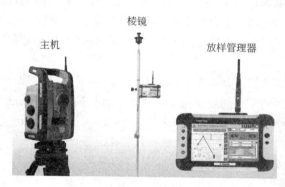

图 4.2-12　测量机器人放样系统

以平安项目塔楼标准层现场放样过程为例，完成一个标准层主风管放样及支吊架固定过程，利用传统方法需要 3 名工人工作 7 个工作日；在全站仪的配合下完成相同量的该项工作，只需要两名工人 3 个工作日即可完成，每一个标准层节省了 15 个标准工作日。

平安项目现已通过测量机器人实现现场放样、建筑结构复核、辅助施工验收三项工作。测量机器人在机电综合管线安装领域的应用，有利于提升机电深化设计水平，提高现场机电管线施工精度和效率。测量机器人结合 BIM 技术在机电综合管线施工中的应用，是 BIM 指导现场施工应用的重要发展方向，是推动数字化建造施工的重要一步。

该技术目前已广泛应用于机电工程施工现场，并荣获广东省工法（图 4.2-13）。

6. 基于 BIM 的产品预制加工技术

（1）风管预制加工

项目部通过软件将 BIM 模型转换成装配图，交付工厂下料加工，形成装配件，利用定制的吊笼运至现场组装施工。由于施工现场场地受限，项目部专程在深圳郊区建立场外加工中心。

在图纸深化阶段，深化设计中心结合BIM工作站，将风管划分为标准节并提供料单，场外加工中心根据料单将镀锌板加工成"L形"半成品后，通过专用吊笼打包运输至施工现场，再由塔吊结合卸料平台运输至各作业楼层，进行流水化拼装作业。

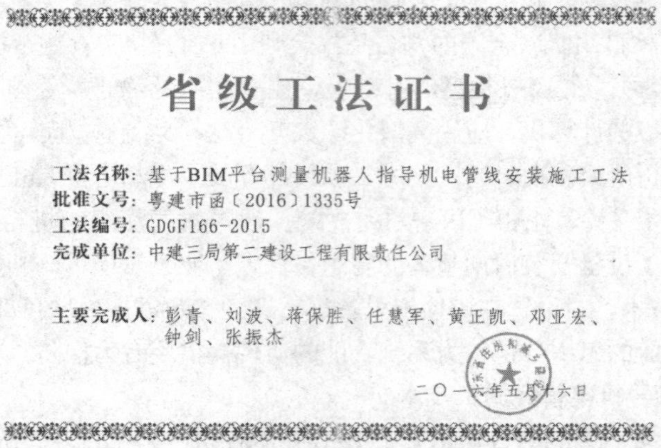

省 级 工 法 证 书

工法名称： 基于BIM平台测量机器人指导机电管线安装施工工法
批准文号： 粤建市函〔2016〕1335号
工法编号： GDGF166-2015
完成单位： 中建三局第二建设工程有限责任公司

主要完成人： 彭青、刘波、蒋保胜、任慧军、黄正凯、邓亚宏、钟剑、张振杰

二○一六年五月十六日

图 4.2-13 省级工法证书

工厂化预制的优势明显，一是不受天气影响，也不受场地的限制，待现场工作面具备的第一时间，即可将预制好的管段及组合件运至现场进行安装；二是现场安装施工减少对技工的依赖性；三是减少现场动火焊接、机械加工等工序，提高机电总承包现场安全文明施工水平。

（2）水管预制加工

在核心机房等管线密集区域，大型机电设备优先就位，为减少现场结构及施工偏差，项目引入三维全息扫描仪，对整个空间及设备管线位置进行扫描，获取精准尺寸的点云数据，通过计算获取所需配件的详细加工尺寸，交由场外预制后运到现场直接拼装完成，提高施工精度，提升施工效率。

7. 远程全系扫描验收系统

平安国际金融中心高近600m，施工过程中垂直运输紧张，上下一次施工电梯将耗费大量的时间。作为机电总承包范围内包含2000多次的现场实物验收和300多个机房评定，如何解决这个难题呢？项目部充分利用信息技术传输速度快、误差小等特点，打造项目远程视频验收系统，使项目管理人员、建设方及监理方可不必时时到现场、事事到现场即可把控现场，改变了传统的管理方式，实现了管理模式的变革。

远程视频验收系统将移动通信技术、全系扫描仪及BIM技术结合，通过全系扫描仪，直接现场扫描三维成像，将现场机电系统安装完成实像以及劳动力分布情况实时传送至办公室大屏幕上，一是实现工程现场远程监控和管理，达到施工现场作业信息化的目的；二是可以将操作面获得模型数据即时反馈给深化设计人员，直接测量实物安装定位，将之与BIM模型相对比，做到对现场施工的精准把控。